广东省云浮市

森林土壤属性三维空间分布

特征研究

李小川　丁晓纲　赵正勇　等著

中国林业出版社
CF PH China Forestry Publishing House

图书在版编目(CIP)数据

广东省云浮市云浮市森林土壤属性三维空间分布特征研究 / 李小川等著. -- 北京：中国林业出版社, 2020.10
ISBN 978-7-5219-0686-8

Ⅰ. ①云… Ⅱ. ①李… Ⅲ. ①森林土－三维－土壤图－研究－云浮 Ⅳ. ①S714.992.653

中国版本图书馆CIP数据核字(2020)第125148号

中国林业出版社·林业分社
责任编辑： 于界芬

出版发行	中国林业出版社	
	(100009 北京西城区德内大街刘海胡同 7 号)	
网　　址	http://www.forestry.gov.cn/lycb.html	
电　　话	(010) 83143542	
印　　刷	河北京平诚乾印刷有限公司	
版　　次	2020 年 10 月第 1 版	
印　　次	2020 年 10 月第 1 次	
开　　本	787mm×1092mm　1/16	
印　　张	10	
字　　数	192 千字	
定　　价	68.00 元	

《广东省云浮市云浮市森林土壤属性三维空间分布特征研究》

著者名单

李小川	丁晓纲	赵正勇	邓鉴锋	林绪平	孙冬晓
张琼锐	张中瑞	朱航勇	张　耕	杨海燕	魏　丹
谭　琳	叶龙华	齐　也	陈　力	李宗俊	

序

　　土壤是陆地生态系统的重要组成部分，是不可再生的宝贵资源。森林是陆地生态系统的主体，森林土壤在维系全球生态平衡、保护生态环境等方面发挥着重要作用。随着我国"绿色发展"战略的开展与实施，森林土壤属性成为重要的研究课题，具有时代意义性。

　　目前，关于森林土壤属性空间分布的研究被国内外学者广泛关注，受母质、地形、地貌、植被等多重因素的共同影响，森林土壤属性在三维空间分布上呈现出较强的异质性。中国南方红壤区，包括云浮市，作为我国重要的伐木区和人工林种植区，迫切需要高分辨率的森林土壤属性三维空间分布信息。摸清森林土壤属性高分辨率的三维空间分布状况，揭示土壤属性三维空间分布特征，确定区域范围内各土壤属性等级，生产高分辨率的三维空间分布地图，可为林区的合理施肥、精准提高质量、宏观经营决策提供理论依据，对科学治理环境污染、可持续利用森林与环境资源发挥重要作用。

　　为全面贯彻落实习近平总书记的生态文明思想和《国务院关于印发土壤污染防治行动计划的通知》（国发〔2016〕31号）、《广东省人民政府关于印发广东省土壤污染防治行动计划实施方案的通知》（粤府〔2016〕154号）精神及国家林业和草原局等有关文件要求，近年广东省林业科学研究院在云浮市开展森林土壤调查工作，稳步进行云浮市森林土壤属性三维空间分布特征的相关研究。通过分析云浮市高分辨率的 DEM 数据，精准映射林区范围内的地形参数、水文参数、植被条件与土壤属性之间的关系，建立林区各土壤属性空间分布的三维预测模型，以实现高分辨率的土壤属性三维空间分布制图，弥补了传统土壤属性获取方法中存在的费时、费力、分辨率低等缺陷，为云浮市森林可持续经营提供科学依据和指导，为森林质量精准提升创造有利条件，对云浮市土壤污染防范与治理、落实绿色发展战略起到实质性的推动作用。

著 者

2020年10月

前　言

　　土壤是空间上（包括水平和垂直方向）存在差异的三维连续体，土壤属性是了解土壤状态的关键信息。基于土壤的空间特性，土壤属性信息同样存在垂直和水平两个方向上的变异，是一个三维的环境现象。

　　目前关于土壤属性空间分布的预测，基本以表层土壤或浅层土壤（0~30 cm）为主，仅考虑表层土壤或浅层土壤在水平方向上的分布状况，基于土壤属性空间上的三维特性研究相对缺乏。近几年，广东省林业厅组织广东省林业科学研究院等单位开展了广东省云浮市土壤属性三维状况的调查与评价试点，形成了《广东省云浮市森林土壤属性三维空间分布特征研究》一书。本书所研究的土壤属性包括养分属性（有机质、全氮、全磷、全钾、碱解氮、速效磷、速效钾）和重金属元素属性（锌、镍、铜、汞、铬）两部分。采用空间分层随机布点与专题布点结合的调查取样方法，综合运用航天航空遥感、地统计学、人工神经网络模型等技术手段，分析了广东省云浮市森林土壤属性的三维分布特征，获取了各土壤属性的三维空间分布图。

　　全书共分为八个章节，第一章主要介绍了土壤属性三维空间分布概述和研究进展；第二、三章介绍了云浮市自然概况及土壤采样与分析方法；第四、五章介绍了土壤属性三维空间分布模型即人工神经网络模型的原理、结构，模型输入参数的获取，最优模型的筛选原则及模型精度评价指标；第六、七、八章依次具体介绍了在云浮市所构建的森林土壤质地、土壤养分、土壤重金属元素的三维人工神经网络模型，并运用模型精度评价指标对预测模型进行筛选，获得了各土壤属性不同土壤层的最优人工神经网络预测模型。此外，全书针对 12 种土壤属性，运用筛选获得的最优模型，在云浮市绘制了详尽的森林土壤属性三维空间分布预测图。森林土壤调查是一项长期、基础性工作，云浮市森林土壤调查工作的顺利完成，是科技人员共同参与、共同努力的结果。《广东省云浮市森林土壤属性三维空间分布特征研究》一书的出版，可为云浮市森林可持续经营提供科学依据和指导，为广东省森林质量精准提升奠定坚实基础，为林地土壤污染治理与修复规划提供数据支撑。

本书以科研生产实验数据为第一手资料，在编撰过程中得到了广东省林业局、林业科研院所的大力支持，在此一并表示感谢。最后，由于本书所涉及的技术性强、专业知识面广，书中难免有疏漏和不妥之处，希望林业界同仁与广大读者批评指正，不吝赐教。

著　者

2020年10月

目　录

第一章
概 论

1.1 土壤属性三维空间分布概述

土壤是空间上即水平和垂直方向上存在差异的三维连续体，土壤属性是了解土壤状态的关键信息，包括土壤养分和土壤重金属元素等。其中，土壤养分主要包括有机质（Soil organic matter, SOM）、全氮（Total nitrogen, TN）、全磷（Total phosphorus, TP）、全钾（Total potassium, TK）、碱解氮（Alkeline nitrogen, AN）、速效磷（Available phosphorus, AP）和速效钾（Available potassium, AK）等指标。土壤重金属元素包括铬（Cd）、锌（Zn）、铅（Pb）、镍（Ni）、铜（Cu）等。基于土壤的空间特性，土壤属性信息的空间分布变化特征同样存在垂直剖面及水平分布的变异。因此，土壤特征的空间分布是一个三维的环境现象。

1.2 土壤养分三维空间分布

1.2.1 土壤养分三维空间分布研究进展

目前，关于土壤养分三维空间分布变异性的研究，主要是通过对样点实测数据进行统计分析：何林（1988）对县域内森林土壤养分的垂直分布进行研究，结果表明 SOM 与氮素含量呈正相关，随土壤深度的增加含量呈指数趋势降低；AP 和 TK 随土壤深度的增加呈逐渐上升趋势。贺志龙等（2017）对华北天然落叶松林的土壤养分进行三维空间分布的预测研究，结果表明 AK 在不同土壤层之间存在显著差异，由上到下呈逐渐降低趋势。郭鑫炜（2017）对辽西北风沙区人工林的土壤养分进行三维方向上的空间变化特征分析，结果显示树种差异会对不同土壤层之间 SOC、TN、TP 的含量产生影响，从而改变各指标的垂直分布特征。龙文靖等（2019）对四川泸县国家高粱原种扩繁基地内的土壤养分进行三维空间变异性分析，结果显示上层土壤 SOM、TP、AN、AP、AK 的含量高于下层土壤；TN 含量在土壤垂直方向上无显著差异，TK 含量随土壤深度增加呈现先增加后降低的趋势。以上研究一致显示，土壤养分三维空间变异性的研究，已成为目前关注的热点，但通过对样点实测数据进行分析的方法难以在面积大的区域应用，难以实现高分辨率。

模型预测的方法则逐渐发展用来解决以上问题。目前通过模型预测方法对土壤养分空间分布进行的研究，主要是以表层或浅层土壤为研究对象，仅考虑土壤在水平方向上的空间分布状况。而对土壤养分三维空间分布预测的研究相对缺乏。Hengl 等（2014，2015）用多种人工智能模型的方法针对土壤养分三维空间分布进行预测研究，并构建了一个 1 km 分辨率的全球三维土壤信息系统。Mulder 等（2016）采用数据挖掘技术和直接估计 90% 置信区间的方法对法国 0~200 cm 深的土壤，进行了土壤养分空间分布的模型预测。这些土壤养分三维空间分布的预测研究，是在水平和垂直方向上仅建立一个模型，能很好地反映土壤养分在各土壤层之间的关联性，但不能清晰表达不同土壤深度之间的差异性。Viscarra 等（2015）将澳大利亚 200 cm 深的土壤分为 6 个土壤层，分别对每个土壤层建立独立的模型来预测土壤养分的三维空间分布。这使得某个土壤层深度的预测数据不会影响另一个土壤层深度的预测结果，有助于深入了解各土壤层之间的差异性。以上研究的三维模型预测能力较好，但空间分辨率低，分别为 90 m、100 m 和 250 m，无法满足精准施肥的需要。因此，针对我国尤其是我国南方红壤区的土壤养分三维空间分布的研究较少，实现高分辨率更是缺乏。

综上，建立三维土壤养分含量空间分布的预测模型，成为研究土壤养分三维空间变异的需要。中国南方红壤区作为我国目前最大的伐木区和人工林种植区，迫切需要高分辨率的土壤养分信息。因此，建立我国红壤区森林土壤养分高分辨的三维空间预测模型，分析三维空间分布特征成为一种需要，是掌握森林土壤养分三维分布规律的有效工具，有助于现代化林业生产的科学化、合理化。

1.2.2 土壤养分三维空间分布模型预测

1.2.2.1 空间插值模型

空间插值法是地理信息系统中常用的空间分析方法，是通过空间插值样点尺度的实测数据来获取土壤养分连续空间分布的方法。空间插值法主要包括克里金法、样条函数法、反距离加权插值法等。Castrignanò 等（1990）采用不同插值法对土壤养分空间变异性进行研究，结果显示协同克里金插值法比普通克里金插值法更加精确和经济。郭熙等（2011）

对山地丘陵地区的耕地土壤进行插值，结果显示以坡度等地形因子为辅助变量的协同克里格法，其插值精度高于普通克里格法和反距离插值法。杜挺等（2013）的研究表明同样显示，利用土壤养分属性相关因子进行的协同克里金法与普通克里金法相比，能提高拟合精度。顾成军（2014）运用协同克里金法与普通克里金插值法进行土壤有机碳的预测，结果表明土地利用与普通克里金插值结合之后的协同克里金法对土壤有机碳空间分布变异的预测能力明显提高。随着对空间插值法的不断研究及优化，预测精度逐渐提高，该方法的本质依然是对实测样点数据的空间加密。

1.2.2.2 传统数学统计模型

传统数学统计模型，是应用统计学方法，建立不同预测因子与土壤养分含量之间的映射关系。土壤养分预测的统计学模型有很多，如多元回归方法、结合插值的回归克里格法等。刘孝阳等（2015）运用多元线性回归法、反距离加权法、普通克里金插值法和回归克里金法，对土壤有机碳进行预测，结果显示，回归克里金法的预测能力优于多元线性回归法，反距离加权法与普通克里金法的预测能力相对差且基本接近。杨煜岑等（2017）基于土壤类型、植被、地形、人类活动等多种因素，分别运用多元线性回归模型和空间插值法，对土壤养分空间分布进行预测，结果显示两种方法的预测精度相似，但多元线性回归模型的预测结果能够反映影响因子的分布特性，结果更接近真实状态。黄安等（2015）的研究结果与杨煜岑一致，并提出，不同预测因子之间不可能存在完全线性相关关系，通过线性方程来拟合模型集成非线性因子会引入更多的不确定性，影响预测准确性。统计学模型的方法与空间插值法相比，能够大幅度减少样点实测的工作任务，但需要预先假设预测影子与输出指标之间存在某一个具体确定的关系，而由于地形地貌的复杂性，预测因子与土壤养分之间的实际关系通常是非线性的甚至是不可知的，导致统计学模型的假设往往不能满足输入变量与输出变量之间的复杂关系。

1.2.2.3 人工神经网络模型

人工智能模型凭借自身的优势，不需要任何假设来映射输入与输出之间的复杂关系，在土壤养分预测及评价方面得到广泛使用。比如人工神经网络模型、随机森林模型、支持向量机模型、决策树模型等。人工神经网络（Artificial Neural Network，ANN）模型是基于对人类大脑神经网络的结构和功能的模仿而建立起来的一种信息处理系统（Wasserman，1989）。ANN具有自学习、自组织性和对非线性映射的逼近能力，可以较准确地揭示预测因子与土壤属性之间的非线性映射关系（Licznar，2003）。何勇等（2004）利用ANN模型对田间土壤信息进行插值，研究结果显示对土壤养分AN预测的ANN模型预测精度高于克里金插值。Ulson等（2000）设计了一个带隐层的多层感知器神经网络，利用BP网络算法对田间采集的土壤属性数据进行训练后继续空间插值，其预测结果与克里格插值法相比达到更好的预测精度。李启全等（2008）在考虑母质、地形等因素的基础上，用ANN模型对土壤养分含量进行非线性预测，预测精度得到显著提高。程家昌等（2013）将ANN模型与空间插值方法对土壤养分含量的空间分布进行预测，结果显示ANN模型的预测精度高于克里格插值法。

1.3 土壤重金属元素三维空间分布

1.3.1 土壤重金属元素三维空间分布研究进展

国外关于森林土壤重金属污染的研究相对成熟。Hernandez等（2003）对法国森林土壤中重金属元素的含量进行研究，结果表明，含量由高到低依次为Cr、Zn、Pb、Ni、Cu、Co和Cd。Mertens（2007）对4个不同树种的林下土壤重金属含量进行研究，结果显示，杨树对Cd和Zn的吸收能力强，吸收量与表层土壤重金属浓度成正比，森林对重金属的循环和分配有积极的影响。国内同样有关于森林土壤重金属元素的相关研究，主要集中在城市的表层和浅层土壤。朱丽等（1999）对南京大厂区林区内土壤重金属元素进行研究，结果表明土壤重金属平均含量从高到低依次是南京钢铁厂、太子山公园和扬子乙烯地区，且不同土壤层间重金属元素含量无明显差异。阴雷鹏和赵景波（2006）对西安市主要功能区表层土壤中的重金属元素进行研究，结果显示，除工业区和交通区为重度污染区域外，其他功能区均为轻度污染。史正军等（2007）对深圳市主要公园和道路绿地中的土壤重金属元素进行调查分析，结果表明，道路绿地土壤重金属元素Cu、Zn和Pb的含量普遍高于公园绿地。综上，我国对土壤重金属元素的研究主要集中城市内的不同功能区，针对森林土壤进行三维空间分布的研究相对少。

1.3.2 土壤重金属元素三维空间分布模型预测

土壤重金属元素不仅会影响土壤自身的理化性质，还会影响水体等其他环境介质，通过食物链对动物和人体产生危害。了解土壤重金属含量的空间分布状况，对实现区域土壤环境的保护和污染防治具有重要意义。曾菁菁（2017）对江苏省常州市金坛区土壤重金属含量的空间分布进行预测，结果显示，加入土壤属性因子的LU-SR模型，对污染较低、变异较小的重金属空间分布预测适用性较好，而对污染较高、变异较大的重金属则较差。黄赵麟（2020）对江苏省常州市金坛区土壤重金属Cd、Pb、Cr、Cu和Zn含量的空间分布进行预测，分别构建源汇模型（BP-S）、空间分异模型（BP-K）和改进的多因素综合模型（BP-SK），结果表明 BP-SK 模型对 Cd、Cr、Cu 和 Zn 含量预测精度均高于 BP-S 和 BP-K 模型；其中 BP-SK 模型在人类活动影响剧烈的地区预测效果好，而 BP-K 模型在自然因素影响大的丘陵山地区的适用性更好。孟伟（2014）以湖北幕阜山桂花林场中的 3 种森林为对象，包括苦槠、枫香和檫木，分析 0~60 cm 森田土壤重金属元素的空间分布，结果显示，Zn 含量最高，Cu、Ni 和 PB 次之，Cd 和 Co 的含量最低；重金属元素在 3 种森林土壤不同土壤层之间的空间分布特征不同，但在同一林地下重金属含量在不同土层中大致相当。樊志颖等（2020）对色季拉山 0~100 cm 深森林土壤重金属元素含量的空间分布特征及其污染状况进行研究，结果显示同一土层中 Cr 和 As 含量表现为阳坡低于阴坡，Pb、Ni 和 Hg 为阳坡高于阴坡。

第二章
云浮市概况与样点数据获取

2.1 云浮市概况

　　云浮市的地理坐标为北纬 22°22'~23°19' 和东经 111°03'~112°31'，位于广东省的中西部，西江中游以南地区，包括 5 个行政县，分别为郁南县、云城区、云安区、罗定市和新兴县（戴文举，2019）。处于北回线南缘亚热带季风区的云浮市，纬度低，属于亚热带季风气候，夏季高温多雨，冬季温和少雨（曾美玲，2017）。主要气候特点是开汛早、汛期长、气温高、降水多，年平均温度、年平均降水量以及年光照时长分别为 22.4 ℃、1899.8 mm 和 1684.6 h。全市土地总面积为 7785.11 km²，其中山区面积占 60.5%，是典型的山区市。云浮市的地貌以丘陵为主，面积占 30.7%，其中高丘陵海拔在 250~450 m 之间，低丘陵海拔在 100~250 m 之间，低丘陵坡度平缓，多在 15°~20° 之间。地势西南高、东北低，使得市内的主要河流新兴江、罗定江大体上均呈西南—东北流向，大钳山与大云雾山对云浮市地形地貌和气候产生重要影响，由于该市处于吴川—广州断裂带和罗定—四会断裂带之间，受动力和区域变质的影响，岩石复杂，土壤母质类型为花岗岩、砂页岩及侵蚀性母质（李晓川，2018）。云浮市的主要植被类型为天然次生常绿阔叶混交林、针叶混交林、各类针阔混交林、杉木林、桉树林等，树种以杉木、相思、桉树、马尾松为主，经济树种以毛竹、油茶居多（广东省土壤普查办公室，1993）。在多种自然环境条件的共同作用下，使得云浮市的土壤类型以红壤类型为主，占整个土壤面积的 86%。土壤带区划属于南亚热带季雨林赤红壤地带，该类型土壤在全球普遍分布，如中国的南方红壤区。

2.2 土壤样点布设与样品采集

2.2.1 土壤样点布设

土壤样点布设，采取了随机布点、专题布点和林分布点 3 种布点方式相结合的方法。根据云浮市森林的土壤类型、地形、水文、植被等环境条件以及林业的生产情况，确定该市具有代表性的区域及不同属性样点的个数，使得所布样点不仅在空间上呈现随机均匀分布，且能够代表一定的土壤信息状况。

2.2.1.1 随机布点

基岩和土壤母质是土壤属性信息的主要来源，能够影响土壤属性指标的空间分布，因此土壤类型成为影响土壤养分空间分布的重要因素（吴华山等，2006）。本次研究采取的随机布点就是依据土壤类型分布状况进行的均匀布点，即根据云浮市典型的土壤类型面积比例，包括赤红壤、红壤、石灰土、紫色土、黄壤共 5 种，确定相当比例的样点个数。

2.2.1.2 专题布点

由于地形和水文因子能够影响土壤与环境之间的物质和能量交换，影响表层土壤运输和物质转移，进一步从不同程度上影响土壤属性各指标的空间变异性（王云强等，2007）。在随机布点的基础上采用专题布点的方法，是根据地形、水文因子包括海拔、坡度、坡向、坡位等的空间变化进行布点，使得样点数据能够充分反映不同地形地貌土壤属性指标含量在空间上的分布差异。

2.2.1.3 林分布点

土壤与植被之间的关系密切，植被可从土壤中吸收养分及微量元素，而凋落物又将部分物质元素返还至土壤中（邹秉章，2019）。林分布点，就是根据云浮市不同森林类型的面积比例，确定不同林分样点个数，包括针叶混交林、阔叶混交林、针阔混交林、桉树林、杉木林、马尾松林及其他经济林。通过林分布点的方式，能够使得样点数据充分代表不同林分对土壤属性的空间分布的影响状况。

2.2.2 土壤剖面点的选取及样品采集

2.2.2.1 剖面点位选取

所选的剖面点位，要求能够代表所布样点规定的土壤信息，同时土壤发育条件稳定，一般要求没有经过挖沟、整修等人为扰动的比较平坦稳定的小地形。

2.2.2.2 剖面点位信息记录

调查人员首先需记录如地点、方位、地形等样点的地理信息；其次，观察并判断土壤类型、侵蚀情况、土壤腐殖质层以及枯落物层厚度；同时，描述土壤 A、B、C 层剖面形态特征，包括土壤颜色、土壤质地、干湿度、松紧度、土壤结构、土壤新生体、侵入体、动物孔穴、植物根系等；最后记录当时气候条件、样方内植被覆盖状况 以及整个林地的地形地貌，还要选择代表性地点取景拍照。

2.2.2.3 剖面土样采集

采集土样时，需要清除土壤表面凋落物层然后挖取 1 m 的土壤剖面，为了保证剖面垂直、光滑，露出土壤的自然结构，再用剖面刀自上而下把挖掘留下的铁锹痕迹修去。

每个取样点分 5 层取样，由下层至上层依次为 80~100 cm（D5）、60~80 cm（D4）、40~60 cm（D3）、20~40 cm（D2）和 0~20 cm（D1），混合均匀，每个样品约重 1 kg，将采集好的土壤样品用布袋装好，贴上标签，用铅笔注明日期、剖面编号、采样深度、采样人等信息，并做好剖面记录。将采集好的布袋样品带回实验室，将样品平铺到土盘上，放置于通风透气、不受阳光直射且无污染的地方，在自然条件下风干。在剔除肉眼可见的枯枝落叶、根系和碎石之后磨细，再分别过孔径为 3 mm、2 mm 和 0.25 mm 的土筛，分别保存于封口袋中并做好标记，用于后期测定土壤基本指标含量。

2.2.2.4 环刀及铝盒样品采集

采集完全部样品之后，按照自上而下的顺序，在土壤剖面的每个土壤层采集 2 个环刀样品。首先，用小铁铲将采土层刨平，将环刀套在刀柄上，刀口朝下，垂直置于水平的地上，用木锤敲打环刀柄，使环刀全部入土，当环刀柄的环托高出地面 3~5 cm 且小孔没有土挤出即可。然后用小铁铲挖开环刀周围的土壤，一手扶住环刀柄，一手将环刀连土一起铲出。再用小土刀削平下部，套上盖子后取出环刀柄，削平上部、抹去附在环刀周围的泥土之后放在大铝盒中。最后贴上标签并用封口胶密封，带回实验室。采集环刀样品的同时，每层也需要采集两个小铝盒样品，均匀地取大约 10 g 的土放入小铝盒中，贴上标签并用封口胶密封，带回实验室。

2.3 土壤样品指标分析与评价

2.3.1 土壤样品指标理化性质分析

采集的土壤样品严格按照国家标准及林业行业标准对土壤 SOM、TN、AN、TP、AP、TK、AK、Zn、Cu、Pb、Cd 和 Ni 的含量进行检测分析，具体方法如表 2.1。

表2.1　土壤理化性质分析方法

土壤属性指标		测定方法
有机质	SOM	重铬酸氧化–外加热法
全氮	TN	半微量凯氏法
碱解氮	AN	NaOH碱解扩算法
全磷	TP	酸溶–钼锑抗比色法
速效磷	AP	$NaHCO_3$浸提–钼蓝比色法
全钾	TK	氢氧化钠碱熔–火焰光度法
速效钾	AK	NH_4OAc浸提–火焰光度法
锌、铜、铅、铬、镍	Zn、Cu、Pb、Cd、Ni	火焰光度计法

2.3.2 土壤养分分析评价

根据全国第二次土壤普查规定的养分分级标准，将云浮市内森林土壤养分进行等级划分，以Ⅰ级（极高）、Ⅱ级（很高）、Ⅲ级（高）、Ⅳ级（中）、Ⅴ级（低）、Ⅵ级（很低）来表示土壤养分各指标的丰缺程度，如表2.2。

表2.2　全国第二次土壤普查土壤肥力划分标准

土壤养分	Ⅰ级（极高）	Ⅱ级（很高）	Ⅲ级（高）	Ⅳ级（中）	Ⅴ级（低）	Ⅵ级（很低）
SOM（g/kg）	>40	30~40	20~30	10~20	6~10	<6
TN（g/kg）	>2.0	1.5~2.0	1.0~1.5	0.75~1.0	0.5~0.75	<0.5
TP（g/kg）	>1.0	0.8~1.0	0.6~0.8	0.4~0.6	0.2~0.4	<0.2
TK（g/kg）	>25	20~25	15~20	10~15	5~10	<5
AN（mg/kg）	>150	120~150	90~120	60~90	30~60	<30
AP（mg/kg）	>40	20~40	10~20	5~10	3~5	<3
AK（mg/kg）	>200	151~200	101~150	50~100	30~50	<30

资料来源：《广东土壤》《中国土壤》。

2.3.3 土壤重金属污染分析评价

土壤重金属元素污染的分析与评价，主要以"土壤环境质量标准值"为依据，如表2.3，为云浮市森林经济树种尤其是果园、茶园种植基地的挖掘提供参考意见。

表2.3　土壤环境质量标准值

污染项目		I级（自然背景值）	II级	III级
镉	Cd	≤0.2	≤0.3	≤1.0
铅	Pb	≤35	≤250	≤500
铜	Cu	≤35	≤50	≤400
镍	Ni	≤40	≤40	≤200
锌	Zn	≤100	≤200	≤500

注：单位为 mg/kg。

第三章
模型数据获取方法

3.1 低分辨率土壤数据

3.1.1 比例尺为1:100万的土壤属性数据

低分辨率的土壤属性数据主要是指比例尺为 1:100 万的低分辨率土壤属性图，能够在大尺度区域范围内粗略反映土壤属性的空间分布特征，代表一定区域范围内土壤属性的平均值（Zhao，2009），包括低分辨率的土壤养分图（CSN）和粗分辨率的土壤质地图（CST）。其中低分辨率的土壤养分图包括：低分辨率的土壤有机质图（CSOM）、全氮图（CTN）、全磷图（CTP）、全钾图（CTK）、碱解氮图（CAN）、速效磷图（CAP）和速效钾图（CAK）；是中科院南京土壤研究所基于 1:100 万系列土壤图生成的 1000 m 分辨率栅格数据。

3.1.2 土壤类型图

土壤类型图能够反映一定区域范围内土壤母质影响下土壤类型的空间分布状况，与土壤属性空间变化密切相关。云浮市土壤类型空间分布数据，是从广东省地质局 1988 年编制的 1:180 万广东省地质构造图集中获取的，是运用地理信息系统转换成的数字地图。

3.2 DEM及其衍生变量数据

3.2.1 DEM数据

数字高程模型（Digital Elevation Model，DEM），空间分辨率为 10 m，是区域内地表海拔高程的数字化表达，描述各种地形地貌因子的空间分布状况，包含丰富的地形、地貌、水文信息等，因此可以通过 DEM 来提取区域内的地形、水文等信息。

3.2.2 高程

高程（Elevation），高程指的是某点沿铅垂线方向到绝对基面的距离。

3.2.3 坡度

坡度（Slope），为曲面上某点法线的方向与垂直方向之间的夹角，用来表示地表面在某点的倾斜程度，在 ArcGIS 10.2 平台下通过空间分析模块运用 Slope 工具从 DEM 中直接提取获得，计算公式为：

$$Slope = \arctan \sqrt{Slope^2_x + Slope^2_y} \ , \quad -90° \leqslant Slope \leqslant 90°$$

其中，$Slope^2_x$ 表示 x 方向上的坡度，$Slope^2_y$ 表示 y 方向上的坡度。

3.2.4 坡向

坡向（Aspect），为地面上某点在该平面上沿最大倾斜方向的某一矢量在水平面上的投影方向，求算公式：

$$Aspect = \frac{Slope^2_y}{Slope^2_x}$$

式中 $Slope^2_x$、$Slope^2_y$ 含义同上。

3.2.5 土壤地形因子

土壤地形因子（Soil Terrain Factor，STF），该参数考虑到了总排水面积、坡度和根际区域的黏粒含量，是一个水文相似性指数的改良版（Ambroise et al., 1996；Scanlon et al., 2000），其计算公式如下：

$$STF = \ln \frac{(A+1)\, P_{clay}}{(s+k)^2}$$

式中：A 为汇流面积（m^2）；P_{clay} 为低精度土壤数据的粘粒含量（%）；k 为参数（=1）；s 为派生自 DEM 的坡度（%）。

3.2.6 地形位置指数

地形位置指数（Topographic Position Index，TPI），为某一点高程与另一点某个邻域内高程平均值的差，是一种基于 GIS 的半自动地形分类自定义算法（Weiss, 2001）。

$$TPI = H - \bar{H}_i$$

式中：H 为研究点高程值；$\bar{H}_i$ 为领域内高程平均值。

3.2.7 潜在地下水位深

潜在地下水位深（Depth To Water, DTW），是指地面上某点的位置和最近水面之间的高度差。

3.2.8 泥沙输移比

泥沙输移比（Sediment Delivery Ratio，SDR），为某一流域内通过地表水输移至出口的泥沙量与流域面积侵蚀总量的比值，反映流域水流输移侵蚀泥沙的能力，表明流域泥沙输送的效率，很大程度上受到地形和水流流动距离的影响（Fernandez, 2003；Ferro et al., 1995）。计算公式如下：

$$SDR = \frac{Y}{T}$$

式中：Y 为出口控制断面的泥沙量；T 为土壤侵蚀总量。

3.2.9 水流方向

水流方向（Flow Direction，FD），水流离开每一个栅格单元时的指向，即水流离开单元的最大坡降。采用水文分析模块 Flow Direction 函数中的 D8（Deterministic Eighthours）算法来确定水流方向。

3.2.10 水流长度

水流长度（Flow Length，FL），是水流方向上某点到该点的最大距离，投影到水平面上的长度，该参数的提取是使用非累积流量水流长度的计算方法（晋蓓，2010）。

3.2.11 潜在太阳辐射

潜在太阳辐射（Potential Solar Radiation，PSR），为在充分考虑包括地形变化、太阳角度变化、云量及其他非匀质性大气影响因素在内的三个条件下，计算所获得的到达地球表层太阳辐射的总量（Meng，2006）。

第四章
土壤属性两阶段建模与制图

4.1 第一阶段ANN模型

第一阶段的模型，是建立一个高分辨率森林土壤属性各指标含量的 ANN 预测模型。即模型基于土壤样点数据建立 ANN 模型，反映环境因子与土壤属性各指标之间的映射关系，用于实现高分辨率森林土壤属性各指标含量的空间分布预测。

4.1.1 ANN模型的原理与结构

人工神经网络（Artificial Neural Network，ANN）模型，以人脑的生理结构为依据，模拟人脑加工处理信息，ANN 是由相互连接的神经元，按一定顺序组成的网络数学拓扑架构（朱大铭，1999）。Back Propagation – Artificial Neural Network（BP–ANN）模型，是基于误差反传算法原理（Error Back Propagation Algorithm，简称 BP 算法）的多层前馈神经网络模型（杨国栋等，2005）。模型采用 Levenberg–Marquardt 算法进行训练。

BP–ANN 模型结构包括 3 层，即输入层、输出层和隐藏层（图 4.1），其中输入层的节点由必选输入数据（粗分辨率的土壤质地图、粗分辨率的土壤养分图以及土壤类型图）和 DEM 衍生的 9 个候选地形水文参数组合构成，随候选参数的变化，输入层节点数目为 2~11 个。输出层包含一个节点，即预测得到的各土层土壤属性指标含量。隐藏层节点数目反映了模型的复杂性，确定隐藏层由 35 个神经元组成同时估算权重矩阵。两个相邻层的所有节点互相连接，构成输入权重矩阵和输出权重矩阵。每个节点的传递值（x）以及输出值（o）用来约束权重，并且利用已经获得的前层的值进行修正，公式如下：

$$o=f\left(-T+\sum w_i x_i\right)$$

式中：f 为一个 sigmoid 函数，一个单调递增的非线性函数；T 是在每个节点中一个特定的阈值（偏离值）；w 为权重值。

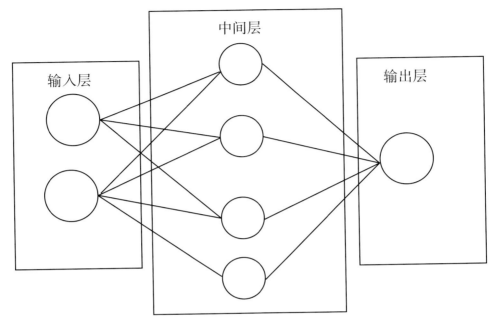

图4.1　BP神经网络结构

4.1.2 ANN模型的校准与验证

ANN 模型的训练、建立和精度评估，采用 10 重交叉验证的方法（10-fold Cross Validation），通过误差反传原理不断调整网络权重值，使网络模型输出值与训练样本输出值之间的误差，平方和达到最小或小于某一期望值（林开平，2007）。每一重建模训练过程中，运用早停法（Early Stopping）克服模型训练过程产生的过度拟合现象，以便获得较好的泛化性能（Generalization Performance）。

4.1.3 模型候选参数的筛选

模型输入参数的筛选，通过逐渐增加候选预测因子的个数，依据模型精度评价指标，筛选获得最优组合，具体如下，模型输入，是在必选参数（粗分辨率土壤质地图、粗分辨率土壤养分图、土壤类型图）基础上，分别由 1~9 个逐渐叠加 DEM 衍生的地形水文参数，参数组合共 511 种，分别为 9，36，84，126，126，84，36，9 和 1 种，每种输入参数对应一个 ANN 模型。参数的筛选，综合考虑 5 个模型评价指标及输入变量参数组合情况，在保持精度足够大的情况下使得参数类型趋于稳定，模型输入参数最佳个数的筛选标准是精度没有显著提高。

4.1.4 模型精度评价指标

模型精度评价指标有 5 个，包括均方差（RMSE）、决定系数（R^2）和相对整体精度（ROA ± 5%、ROA ± 10% 和 ROA ± 20%）。

RMSE 是用来衡量校正完成后模型精度的评价指标，由 Matlab 在模型校正过程中自动计算，以便接受或拒绝。RMSE 值越小，表明模型校正精度越高。计算公式如下：

$$RMSE = \frac{\sum_{i=1}^{n}(X_{object,i} - X_{model,i})^2}{N}$$

式中：$X_{object,i}$ 为实测值；$X_{model,i}$ 为模型的预测值；N 为验证数集样本量。

R^2，即拟合精度，用来表示根据自变量的变异来解释因变量的变异部分，用来评价模型预测结果的精度，R^2 值越大，模型预测精度越高。计算公式如下：

$$R^2 = 1 - \frac{SSE}{SST}$$

$$SSE = \sum_{i=1}^{n}(y_i - \hat{y}_i)^2$$

$$SST = \sum_{i=1}^{n}(y_i - \bar{y}_i)^2$$

式中：SSE 为残差平方和；SST 为总离差平方和，是残差平方和与回归平方和的总和；y_i 表示模型预测值；$\bar{y}_i$ 表示模型预测值的平均值；$\hat{y}_i$ 表示拟合值。

ROA 表示一定预测偏差范围内，预测准确的样点个数占总样点个数的百分比，同样用来评价模型预测结果的精度，整体相对精度越大，模型预测能力越高。主要包括：ROA ± 5%、ROA ± 10% 和 ROA ± 20%，共 3 个，即允许的预测偏差范围分别为 5%、10% 和 20%。计算公式如下，

$$ROA = \frac{n}{N} \times 100\%$$

式中：n 为预测值在实际值上下一定范围内的样品数量，即预测值在实际值上下 5%，10%，20% 范围内的样品个数；N 为数集样本量。

优选获得的 ANN 模型，其精度评价指标表现为 ROA 和 R^2 值相对高，RMSE 值相对低。

4.2 第二阶段线性扩展模型

第二阶段的线性扩展模型，是基于有限样点实测数据和土壤图数据所建立的线性模型，用来对第一阶段 ANN 模型的预测结果进行修正。该阶段模型依据粗分辨率土壤养分

图、粗分辨率土壤质地图和土壤类型图，划分为不同子区域，分别建立线性修正模型，以修正第一阶段模型预测的结果，具体如下：

$$Y_i = a_i + b_i \times y_i$$

式中：Y_i 为第二阶段模型修正后土壤属性各指标含量；a_i、b_i 为对应的子区域 i；a_i 为转移参数，描述土壤属性各指标含量在建模区水平与扩展区水平之间的整体差异；b_i 为变形参数，描述土壤属性各指标含量在建模水平与扩展区水平之间的变化率；y_i 为第一阶段模型预测的土壤属性各指标含量。

4.3 独立区域的验证

为了验证构建的各土壤层土壤属性模型的应用性和推广性，将云浮市的郁南县、云城区和云安区作为建立模型区域之外的独立验证区域。

云浮森林土壤质地三维空间分析

5.1 土壤质地样点统计学分析

　　将云浮市土壤质地样点数据进行统计分析，结果如表5.1。各层土壤沙粒情况显示，D1 土壤层中，土壤沙粒的平均占比为 57%，随土壤深度逐渐增加至 D4 土壤层时，平均占比逐渐减小，其中 D4 土壤层中沙粒的平均值达到最小，为 49.3%，D5 层的土壤沙粒略多于 D4 层，且标准差为 15.2%，该层土壤沙粒的空间变异性达到最高。各层土壤黏粒情况显示，从 D1 到 D4 层土壤黏粒的平均占比逐渐增加，D5 层土壤黏粒平均值略小于 D4 层，由标准差显示，D5 层土壤黏粒的空间变异性同样达到最大。

表5.1　各土壤层样点的土壤质地实测数据统计表

土壤质地	土壤层	最小值 (%)	最大值(%)	平均值 (%)	标准差 (%)
沙粒	D1	12.5	89.7	57.0	13.4
	D2	8.5	95.8	55.7	13.7
	D3	13.9	92.2	53	13.9
	D4	10.9	92.9	49.3	14.6
	D5	7.5	91.3	51.1	15.2
黏粒	D1	1.5	75.3	23.9	12.3
	D2	1.5	82.3	27.2	13.6
	D3	0.6	73.3	28.9	13.3
	D4	0.8	78.1	32.3	14.5
	D5	0.6	83.4	31.1	14.9

5.2 第一层土壤质地的空间分布与特征分析

对 D1 土壤层沙粒所构建的 ANN 模型，输入部分是在必选参数 CST 的基础上，由 1 个至 9 个逐渐叠加候选的地形水文参数，经筛选获得的 D1 土层沙粒模型输入最优组合由 5 个候选参数组成，如表 5.2，包括 Aspect、Elevation、SDR、PSR、FL。该模型的输入参数比较稳定，包含 1 参数至 4 参数组合的全体参数。候选参数由 1 个逐渐增加至 5 个时，模型各评价指标显示预测能力逐渐提高，其中 RMSE 由 11.0 逐渐降低至 7.3，R^2 由 0.35 逐渐提高至 0.72，ROA ± 5% 也逐渐由 56% 提高至 81%。当组合参数持续增加至 6 个时，RMSE 与 ROA ± 5% 显示开始降低的预测水平。因此，选择 5 参数组合为预测 D1 土层沙粒含量模型的最优组合。

最优输入组合中，Aspect 能够直接解释 D1 层土壤沙粒含量变化的 35%，Aspect 和 SDR 组合对土壤沙粒含量变化的解释率增加到 58%，且 Aspect 和 SDR 在 5 个土壤层模型输入最优组合中全部出现。由此，Aspect 对 D1 层土壤沙粒的预测能力相对较强，SDR 次之。用筛选获得的最优 ANN 模型生产 D1 土壤层沙粒的空间分布图，如图 5.1。D1 土壤层土壤沙粒的含量最高，预测平均值为 59.3% ± 6%，空间上主要在 50%~60% 的范围内。预测值与样点实测值的对比，两者的平均值基本接近，其中 D1 层的土壤沙粒的预测值 59.3%，比实测值 57% 低 2.3%；预测值的标准差为 6%，比实测值的标准差 13.4% 低 7.4%，因此预测较为合理。将土壤沙粒空间分布预测图与粗分辨率土壤沙粒图比较，结

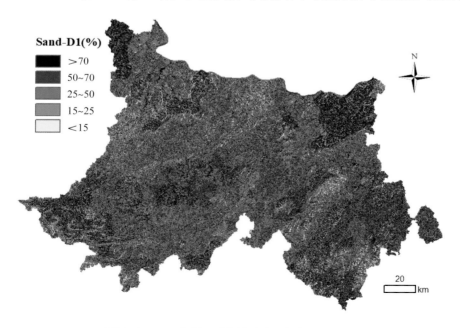

图5.1　D1土壤层沙粒空间分布预测图

果相似，预测图呈现出更为详细的空间分布变化特征。将土壤沙粒空间分布预测图与地形水文参数图对比可知，生产获得 D1 土壤沙粒含量的空间分布变化状况，整体上与输入参数 Aspect 和 SDR 的空间分布图相似，在 Aspect 小、SDR 小的地区，土壤沙粒含量高。这与上述主要影响因子分析结果一致。

对 D1 土壤层黏粒所构建的 ANN 模型，输入部分是在必选参数 CST 的基础上，由 1 个至 9 个逐渐叠加候选的地形水文参数形成的，经筛选获得 D1 土层黏粒模型输入最优组合由 5 个候选参数组成，如表 5.2，包括 FL、Aspect、SDR、PSR、DTW。该模型的输入参数同样比较稳定，包含 1~4 参数组合的全体参数。候选参数由 1 个逐渐增加至 5 个时，模型精度评价指标显示模型的预测能力逐渐提高，其中 RMSE 由 9.9 逐渐降低至 6.8，R^2 由 0.32 逐渐提高至 0.71，ROA ± 5% 也逐渐由 37% 增至 61%。组合参数继续持续增加时，RMSE 开始增加，R^2 和 ROA ± 5% 没有显著提高，因此，选择 5 参数组合为预测 D1 土层粘粒含量模型的最优组合。

最优输入组合中，FL 能够直接解释 D1 层土壤黏粒含量变化的 32%，FL 和 DTW 组合对土壤沙粒含量变化解释率增加到 45%，再加入 PSR 则增加到 59%，且 FL 和 PSR 在 5 个土壤层的模型输入最优组合中全部出现。由此，FL 对 D1 层土壤黏粒的预测能力相对较强，PSR 次之。用筛选获得的最优 ANN 预测模型生产 D1 土壤层黏粒的空间分布预测图，如图 5.2。D1 土壤层土壤黏粒的含量最低，预测平均值为 23.4% ± 5.2%，预测值与样点实测值的对比，两者的平均值基本接近，其中 D1 层的土壤黏粒的预测值比实测值

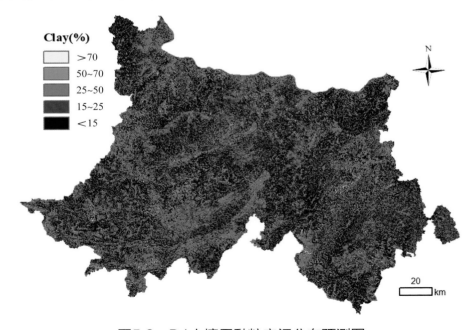

图5.2　D1土壤层黏粒空间分布预测图

23.9% 低 0.5%；预测值的标准差为 4.5%，比实测值的标准差 12.3% 低 7.8%，因此预测较为合理。

将土壤黏粒空间分布预测图与粗分辨率土壤黏粒图比较，结果相似，预测图呈现出比粗分辨率图更为详细的空间分布变化。将土壤黏粒空间分布预测图与地形水文参数图对比可知，生产获得 D1 土层黏粒含量的空间分布变化状况，整体上与输入参数 FL 和 PSR 的空间分布图相似，在 FL 大、PSR 小的地区，土壤黏粒含量高。这与上述主要影响因子分析结果一致。

表5.2　土壤质地D1土层ANN模型输入最优组合

土壤质地	参数个数	RMSE（%）	R^2	ROA±5%	最优输入组合
沙粒	1	11.0	0.35	56%	Aspect
	2	8.9	0.58	62%	Aspect, SDR
	3	8.4	0.61	68%	Aspect, Elevation, FL
	4	7.6	0.69	74%	Aspect, Elevation, SDR, PSR
	5	7.3	0.72	81%	Aspect, Elevation, SDR, PSR, FL
	6	11.0	0.74	79%	Elevation, Slope, STF, DTW, FL, PSR
	7	5.2	0.85	81%	Slope, Aspect, SDR, DTW, FL, FD, PSR
	8	5.7	0.85	81%	Elevation, Slope, Aspect, SDR, DTW. FL, FD, PSR
	9	5.3	0.85	82%	Elevation, Slope, Aspect, STF, SDR, DTW. FL, FD, PSR
黏粒	1	9.9	0.32	37%	FL
	2	9.0	0.45	42%	FL, Aspect
	3	7.8	0.59	51%	FL, DTW, PSR
	4	7.2	0.64	50%	FL, Aspect, SDR, PSR
	5	6.8	0.71	61%	FL, Aspect, SDR, PSR, DTW
	6	7.1	0.72	61%	Slope, Aspect, STF, SDR, FL, PSR
	7	6.3	0.79	60%	Elevation, Aspect, STF, SDR, DTW, FD, PSR
	8	6.6	0.79	68%	Elevation, Slope, Aspect, STF, SDR, DTW, FL, PSR
	9	6.1	0.78	61%	Elevation, Slope, Aspect, STF, SDR, DTW, FL, FD, PSR

独立区域模型验证结果如下：D1 层沙粒验证精度与建模精度对比情况如表 5.3 所示，在独立验证区域应用时，RMSE 提高了 2.6%，表明独立验证时模型的稳定性相对有

所降低，R^2 降低了 0.38，ROA ± 5% 降低了 28%，3 个模型评价指标整体显示，模型预测能力略微下降。D1 层黏粒验证精度与建模精度对比情况显示，在独立验证区域应用时，RMSE 提高了 2.4%，表明独立验证时模型的稳定性相对有所降低，R^2 降低了 0.24，ROA ± 5% 降低了 20%，3 个模型评价指标整体显示，模型预测能力略微下降。以上结果表明，D1 土壤层土壤质地预测模型有一定的推广应用能力。

表5.3　D1土层土壤质地模型精度与独立验证精度对比

土壤质地	指标值	RMSE(%)	R^2	ROA±5%
沙粒	最佳模型精度	7.3	0.72	81%
	独立验证精度	9.9	0.34	53%
	变化	+2.6	−0.38	28%
黏粒	最佳模型精度	6.8	0.71	61%
	独立验证精度	9.2	0.47	41%
	变化	+2.4	−0.24	−20%

5.3 第二层土壤质地的空间分布与特征分析

对 D2 层土壤沙粒所构建的 ANN 模型，输入部分是在必选参数 CST 的基础上，由 1 个至 5 个逐渐叠加候选的地形水文参数，经筛选获得的土壤沙粒模型输入最优组合由 5 个候选参数组成，如表 5.4，包括 Aspect、Elevation、SDR、PSR、Slope。该模型的输入参数是在 1 参数 Aspect 的基础上增加 Slope，之后 Slope 被 Elevation 与 SDR 替代构成 3 参数组合，增加 PSR 和 Slope 形成 5 参数组合。随候选参数由 1 个逐渐增加至 5 个，模型各评价指标显示，模型预测能力逐渐提高，其中 RMSE 由 11.5% 降低至 8.6%，R^2 由 0.34 逐渐提高至 0.64，ROA ± 5% 也逐渐提高由 49% 至 74%。虽然组合参数从 4 个增至 5 个时，RMSE 增加了 0.3，R^2 下降了 0.02，但是均属于正常范围，而此时 ROA ± 5% 增加了 5%，模型的整体预测能力提升，模型达到最佳状态。

在最优输入组合中，Aspect 能够直接解释 D2 层土壤沙粒含量变化的 34%，Aspect 和 Slope 组合对土壤沙粒含量变化解释率能够增加到 49%，且 Aspect 和 Slope 在后面的模型输入最优组合中全部出现。由此，Aspect 对 D2 层土壤沙粒的预测能力相对较强，Slope 次之。

对 D2 土壤层黏粒所构建的 ANN 模型，输入部分是在必选参数 CST 的基础上，由 1 个至 5 个逐渐叠加候选的地形水文参数，经筛选获得的 D2 土层黏粒模型输入最优组合由

5 个候选参数组成，如表 5.4，包括 FL、SDR、Aspect、PSR、FD。1 参数 FL 的基础上依次增加 SDR、Aspect 和 Slope 构成 4 参数组合之后，Slope 被 PSR 和 FD 替代形成 5 参数组合。随候选参数由 1 个逐渐增加至 5 个，模型各评价指标显示，模型预测能力逐渐提高，其中 RMSE 由 11.6% 降低至 8.3%，R^2 由 0.21 逐渐提高至 0.54，ROA ± 5% 也逐渐提高由 34% 至 54%。虽然组合参数从 3 个逐渐增加至 5 个时，RMSE 增加了 0.5%，但属于正常范围，而此时 R^2 增加了 0.1%，ROA ± 5% 增加了 5%，模型的整体预测能力提升，因此当 5 个组合参数时模型达到最佳状态。

在最优输入组合中，FL 能够直接解释 D2 层土壤黏粒含量变化的 21%，FL 和 SDR 组合对土壤沙粒含量变化解释率能够增加到 46%，且 FL 和 SDR 在后面的模型输入最优组合中全部出现。由此，SDR 对 D2 层土壤沙粒的预测能力相对较强，FL 次之。

表5.4　土壤质地D2土层ANN模型输入最优组合

土壤质地	参数个数	RMSE（%）	R^2	ROA±5%	最优输入组合
沙粒	1	11.5	0.34	49%	Aspect
	2	10.2	0.49	57%	Aspect, Slope
	3	8.9	0.61	64%	Aspect, Elevation, SDR
	4	8.3	0.66	69%	Aspect, Elevation, FL, DTW
	5	8.6	0.64	74%	Aspect, Elevation, SDR, PSR, Slope
	6	4.7	0.87	74%	Elevation, Slope, Aspect, SDR, DTW, PSR
	7	6.0	0.85	81%	Slope, Aspect, STF, SDR, DTW, FL, FD
	8	5.2	0.86	82%	Elevation, Slope, Aspect, STF, SDR, DTW, FL, PSR
	9	5.4	0.86	76%	Elevation, Slope, Aspect, STF, SDR, DTW, FL, FD, PSR
黏粒	1	11.6	0.21	34%	FL
	2	9.6	0.46	41%	FL, SDR
	3	7.8	0.49	49%	FL, SDR, Aspect
	4	8.4	0.61	50%	FL, SDR, Aspect, Slope
	5	8.3	0.59	54%	FL, SDR, Aspect, PSR, FD
	6	6.5	0.80	56%	Slope, SDR, DTW, FL, FD, PSR
	7	5.4	0.84	64%	Elevation, STF, SDR, DTW, FL, FD, PSR
	8	5.5	0.83	60%	Elevation, Slope, Aspect, STF, SDR, DTW, FL, PSR
	9	6.4	0.79	48%	Elevation, Slope, Aspect, STF, SDR, DTW, FL, FD, PSR

用筛选获得的最优 ANN 预测模型生产 D2 土壤层沙粒的空间分布图，如图 5.3。D2 土壤层土壤沙粒的含量排第二，预测平均值为 57.2%±6.5%，空间上主要在 50%~60% 的范围内。预测值与样点实测值的对比，两者的平均值基本接近，其中 D2 层的土壤沙粒的预测值 57.2 %，比实测值 55.7% 高 1.5%；预测值的标准差为 6.5%，比实测值的标准差 13.7% 低 7.2%，预测较为合理。

图5.3　D2土壤层沙粒空间分布预测图

用筛选获得的最优 ANN 预测模型生产 D2 土壤层黏粒的空间分布图，如图 5.4。D2 土壤层土壤黏粒的含量排第四，预测平均值为 26.5%±4.5%，预测值与样点实测值的对比，两者的平均值基本接近，其中 D2 层的土壤黏粒的预测值 26.5%，比实测值 27.2% 低 0.7%；预测值的标准差为 4.5%，比实测值的标准差 13.6% 低 9.1%，因此预测较为合理。

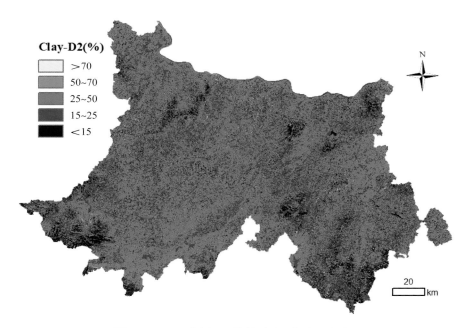

图5.4　D2土壤层黏粒空间分布预测图

将土壤沙粒空间分布预测图与粗分辨率土壤沙粒图比较，结果相似，预测图呈现出比粗分辨率更为详细的空间分布变化。将土壤沙粒空间分布预测图与地形水文参数图对比可知，生产获得 D2 土壤沙粒含量的空间分布变化状况，整体上与输入参数 Aspect 和 Slope 的空间分布图相似，在 Aspect 小、Slope 小的地区，土壤沙粒含量高。这与上述主要影响因子分析结果一致。

将土壤黏粒空间分布预测图与粗分辨率土壤黏粒图比较，结果相差不多，预测图呈现出比粗分辨率更为详细的空间分布变化。将土壤黏粒空间分布预测图与地形水文参数图对比可知，生产获得 D2 土壤黏粒含量的空间分布变化状况，整体上与输入参数 SDR 和 FL 的空间分布图相似，在 FL 大、SDR 小的地区，土壤黏粒含量高。这与上述主要影响因子分析结果一致。

D2 层沙粒验证精度与最佳模型精度对比情况如表 5.5 显示，D2 层沙粒最佳 ANN 模型，在独立验证区域应用时，RMSE 提高了 3.1%，表明独立验证时模型的稳定性相对有所降低，R^2 降低了 0.20，ROA ± 5% 降低了 27%，3 个模型评价指标整体显示，模型预测能力略微下降。

D2 层黏粒验证精度与最佳模型精度对比情况如表 5.5 显示，D2 层黏粒最佳 ANN 模型，在独立验证区域应用时，RMSE 提高了 2.0%，表明独立验证时模型的稳定性相对有所降低，R^2 降低了 0.26，ROA ± 5% 降低了 13%，3 个模型评价指标整体显示，在独立验证时模型预测能力略微下降。

表5.5　D2土层土壤质地模型精度与独立验证精度对比

土壤质地	指标值	RMSE（%）	R^2	ROA±5%
沙粒	最佳模型精度	8.6	0.64	74%
	独立验证精度	11.7	0.44	47%
	变化	+3.1	−0.20	−27%
黏粒	最佳模型精度	8.3	0.59	54%
	独立验证精度	10.3	0.33	41%
	变化	+2.0	−0.26	−13%

5.4 第三层土壤质地的空间分布与特征分析

对 D3 土壤沙粒所构建的 ANN 模型，输入部分是在必选参数 CST 的基础上，由 1 个至 5 个逐渐叠加候选的地形水文参数，经筛选获得的 D3 土层沙粒模型输入最优组合由 5 个候选参数组成，如表 5.6，包括 Aspect、SDR、DTW、FL、Slope。该模型的输入参数是将 4 参数组合中的 STF 被 FL 和 Slope 替代形成的。随候选参数由 1 个逐渐增加至 5 个，模型各评价指标显示，模型预测能力逐渐提高，其中 RMSE 由 11.8% 降低至 8.4%，R^2 由 0.31 逐渐提高至 0.66，ROA ± 5% 也逐渐提高由 47% 至 71%。虽然组合参数从 3 个逐渐增加至 5 个时，RMSE 增加了 0.1%，属于正常范围，而此时 R^2 没有增加，ROA ± 5% 明显增加了 10%。综上可以看出，5 个组合参数时模型达到最佳状态。

在最优输入组合中，FL 能够直接解释 D3 层土壤沙粒含量变化的 47%，FL 和 Slope 组合对土壤沙粒含量变化解释率能够增加到 56%，且 FL 和 Slope 在后面的模型输入最优组合中全部出现。由此，FL 对 D3 层土壤沙粒的预测能力相对较强，Slope 次之。

对 D3 土壤层黏粒所构建的 ANN 模型，输入部分是在必选参数 CST 的基础上，由 1 个至 5 个逐渐叠加候选的地形水文参数，经筛选获得的 D3 土层黏粒模型输入最优组合由 5 个候选参数组成，如表 5.6，包括 FL、SDR、Aspect、Slope、DTW。该模型的输入参数是在 4 参数组合的基础上增加 DTW 构成的。候选参数由 1 个逐渐增加至 5 个，模型各评价指标显示，模型预测能力逐渐提高，其中 RMSE 由 10.5% 降低至 7.5%，R^2 由 0.32 逐渐提高至 0.67，ROA ± 5% 也逐渐提高由 41% 至 61%，综上可以看出，5 个组合参数时模型达到最佳状态。

在所有最优输入组合中，FL 能够直接解释 D3 层土壤黏粒含量变化的 32%，FL 和

Aspect 组合对土壤沙粒含量变化解释率能够增加到 50%，且 FL 和 Aspect 在后面的模型输入最优组合中全部出现。由此，FL 对 D3 层土壤沙粒的预测能力相对较强，Aspect 次之。

表5.6　土壤质地D3土层ANN模型输入最优组合

土壤质地	参数个数	RMSE（%）	R^2	ROA±5%	最优输入组合
沙粒	1	11.8	0.31	47%	FL
	2	8.8	0.62	56%	FL, Slope
	3	8.3	0.66	61%	Aspect, SDR, Slope
	4	9.7	0.58	66%	Aspect, SDR, DTW, STF
	5	8.4	0.66	71%	Aspect, SDR, DTW, FL, Slope
	6	5.2	0.87	76%	Elevation, Slope, SDR, DTW, FL, PSR
	7	6.1	0.85	79%	Elevation, Slope, Aspect, SDR, FL, FD, PSR
	8	4.4	0.89	80%	Elevation, Slope, STF, SDR, DTW, FL, FD, PSR
	9	3.5	0.91	85%	Elevation, Slope, Aspect, STF, SDR, DTW, FL, FD, PSR
黏粒	1	10.5	0.32	41%	FL
	2	9.1	0.50	48%	FL, Aspect
	3	8.4	0.58	56%	FL, SDR, Elevation
	4	8.1	0.64	57%	FL, SDR, Aspect, Slope
	5	7.5	0.67	61%	FL, SDR, Aspect, Slope, DTW
	6	4.3	0.87	63%	Slope, Aspect, STF, DTW, FL, PSR
	7	6.4	0.81	68%	Elevation, Slope, Aspect, SDR, DTW, FL, FD
	8	5.3	0.83	62%	Elevation, Slope, Aspect, STF, SDR, DTW, FD, PSR
	9	5.0	0.84	52%	Elevation, Slope, Aspect, STF, SDR, DTW, FL, FD, PSR

　　用筛选获得的最优 ANN 预测模型生产 D3 土壤层沙粒的空间分布图，如图 5.5。D3 土壤层土壤沙粒的含量排第三，预测平均值为 54.7%±13%，空间上主要在 50%~60% 的范围内。预测值与样点实测值的对比，两者的平均值基本接近，其中 D3 层的土壤沙粒的预测值 53%，比实测值 54.7% 低 1.7%；预测值的标准差为 6.3%，比实测值的标准差 13.9% 低 7.6%，预测较为合理。

图5.5　D3土壤层沙粒空间分布预测图

　　用筛选获得的最优 ANN 预测模型生产 D3 土壤层黏粒的空间分布图，如图 5.6。D3 土壤层土壤黏粒的含量排第四，预测平均值为 27.6%±3.5%，预测值与样点实测值的对比，两者的平均值基本接近，其中 D3 层的土壤黏粒的预测值 27.6%，比实测值 28.9% 低 1.3%；预测值的标准差为 3.5%，比实测值的标准差 13.9% 低 10.1%，因此预测较为合理。

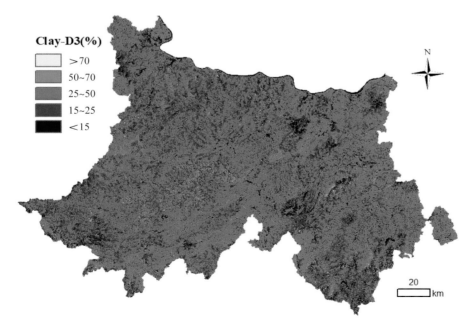

图5.6　D3土壤层黏粒空间分布预测图

将土壤沙粒空间分布预测图与粗分辨率土沙黏粒图比较，结果相似，预测图呈现出比粗分辨率更为详细的空间分布变化。将土壤沙粒空间分布预测图与地形水文参数图对比可知，生产获得 D3 土壤沙粒含量的空间分布变化状况，整体上与输入参数 FL 和 Slope 的空间分布图相似，在 FL 大、Slope 小的地区，土壤沙粒含量高。这与上述主要影响因子分析结果一致。

将土壤黏粒空间分布预测图与粗分辨率土壤黏粒图比较，结果相差不多，预测图呈现出比粗分辨率更为详细的空间分布变化。将土壤黏粒空间分布预测图与地形水文参数图对比可知，生产获得 D3 土壤黏粒含量的空间分布变化状况，整体上与输入参数 FL 和 Aspect 的空间分布图相似，在 FL 大、Aspect 大的地区，土壤黏粒含量高。这与上述主要影响因子分析结果一致。

D3 层土壤沙粒验证精度与最佳模型精度对比情况如表 5.7 显示，D3 层土壤沙粒最佳 ANN 模型，在独立验证区域应用时，RMSE 提高了 3.8%，R^2 降低了 0.29，ROA ± 5% 降低了 34，3 个模型评价指标整体显示模型预测能力明显下降。

D3 层土壤黏粒验证精度与最佳模型精度对比情况如表 5.7 显示，D3 层土壤黏粒最佳 ANN 模型，在独立验证区域应用时，RMSE 提高了 2.7%，R^2 降低了 0.24，ROA ± 5% 降低了 18%，3 个模型评价指标整体显示，在独立验证时模型预测能力下降。

表5.7　D3土层土壤质地模型精度与独立验证精度对比

土壤质地	指标值	RMSE（%）	R^2	ROA±5%
沙粒	最佳模型精度	8.4	0.66	71%
	独立验证精度	12.2	0.37	37%
	变化	+3.8	−0.29	−34%
黏粒	最佳模型精度	7.5	0.67	61%
	独立验证精度	10.2	0.43	43%
	变化	+2.7	−0.24	−18%

5.5 第四层土壤质地的空间分布与特征分析

对 D4 土壤沙粒所构建的 ANN 模型，输入部分是在必选参数 CST 的基础上，由 1 个至 4 个逐渐叠加候选的地形水文参数，经筛选获得的 D4 土层沙粒模型输入最优组合由 4 个候选参数组成，如表 5.8，包括 Aspect、SDR、Slope、Elevation。该模型的输入参数比较稳定，1 参数至 4 参数输入组合，每一组和均在上一级参数组合的基础上增加 1 个新的参数。随候选参数由 1 个逐渐增加至 4 个，模型各评价指标显示，模型预测能力逐渐提高，其中 RMSE 由 12.6% 降低至 8.2%，R^2 由 0.32 逐渐提高至 0.69，ROA ± 5% 也逐渐提高由 41% 至 64%，可见当 4 个组合参数时模型达到最佳状态。

在所有最优输入组合中，Aspect 能够直接解释 D4 层土壤沙粒含量变化的 32%，Aspect 和 SDR 组合对土壤沙粒含量变化解释率能够增加到 53%，且 Aspect 和 SDR 在后面的模型输入最优组合中全部出现。由此，Aspect 对 D4 层土壤沙粒的预测能力相对较强，SDR 次之。

对 D4 土壤层黏粒所构建的 ANN 模型，输入部分是在必选参数 CST 的基础上，由 1 个至 4 个逐渐叠加候选的地形水文参数，经筛选获得的 D4 土层黏粒模型输入最优组合由 4 个候选参数组成，如表 5.8，包括 FL、SDR、Aspect、Slope、DTW。该模型的输入参数比较稳定，包含 1 参数至 3 参数组合的全体参参数。随候选参数由 1 个逐渐增加至 4 个，模型各评价指标显示，模型预测能力逐渐提高，其中 RMSE 由 11.7% 降低至 9.7%，R^2 由 0.31 逐渐提高至 0.56，ROA ± 5% 也逐渐提高由 38% 至 55%，可见当 4 个组合参数时模型达到最佳状态。

在所有最优输入组合中，FL 能够直接解释 D4 层土壤黏粒含量变化的 31%，FL 和 SDR 组合对土壤黏粒含量变化解释率能够增加到 48%，且 FL 和 SDR 在后面的模型输入最优组合中全部出现。由此，FL 对 D4 层土壤黏粒的预测能力相对较强，SDR 次之。

表5.8　土壤质地D4土层ANN模型输入最优组合

土壤质地	参数个数	RMSE（%）	R^2	ROA±5%	最优输入组合
沙粒	1	12.6	0.32	41%	Aspect
	2	10.8	0.53	49%	Aspect, SDR
	3	9.1	0.66	56%	Aspect, SDR, Slope
	4	8.2	0.69	64%	Aspect, SDR, Slope, Elevation
	5	9.2	0.80	67%	Aspect, STF, SDR, DTW, PSR
	6	8.2	0.82	74%	Elevation, Slope, Aspect, FL, FD, PSR
	7	6.9	0.85	74%	Elevation, Slope, Aspect, SDR, DTW, FL, FD
	8	8.6	0.83	79%	Elevation, Slope, STF, SDR, DTW, FL, FD, PSR
	9	6.4	0.86	65%	Elevation, Slope, Aspect, STF, SDR, DTW, FL, FD, PSR

续表

土壤质地	参数个数	RMSE（%）	R^2	ROA±5%	最优输入组合
	1	11.7	0.31	38%	FL
	2	10.3	0.48	49%	FL, SDR
	3	10.4	0.48	52%	FL, Aspect, DTW
	4	9.7	0.56	55%	FL, Aspect, DTW, SDR
黏粒	5	7.8	0.79	62%	Elevation, Slope, SDR, FL, PSR
	6	7.9	0.79	65%	Slope, Aspect, SDR, DTW, FL, PSR
	7	8.1	0.79	70%	Elevation, Aspect, SDR, DTW, FL, FD, PSR
	8	12.7	0.72	64%	Elevation, Slope, Aspect, STF, SDR, DTW, FL, PSR
	9	8.1	0.78	55%	Elevation, Slope, Aspect, STF, SDR, DTW, FL, FD, PSR

　　用筛选获得的最优 ANN 预测模型生产 D4 土壤层沙粒的空间分布图，如图 5.7。D4 土壤层土壤沙粒的含量最少，预测平均值为 50.3%±7.6%，空间上主要在 50%~60% 的范围内。预测值与样点实测值的对比，两者的平均值基本接近，其中 D5 层的土壤沙粒的预测值 50.3%，比实测值 49.3% 高 1.0%；预测值的标准差为 7.6%，比实测值的标准差 14.6% 低 7.0%，预测较为合理。

Sand-D4(%)
- >70
- 50~70
- 25~50
- 15~25
- <15

图5.7　D4土壤层沙粒空间分布预测图

用筛选获得的最优 ANN 预测模型生产 D4 土壤层黏粒的空间分布图，如图 5.8。D4 层土壤黏粒的含量最高，预测平均值为 30.9% ± 4.5%，空间上主要在 22%~32% 的范围内。预测值与样点实测值的对比，两者的平均值基本接近，其中 D4 层的土壤黏粒的预测值 30.9%，比实测值 32.3% 低 1.4%；预测值的标准差为 4.5%，比实测值的标准差 14.5% 低 10%，因此预测较为合理。

图5.8　D4土壤层黏粒空间分布预测图

将土壤沙粒空间分布预测图与粗分辨率土壤沙粒图比较，结果相似，预测图呈现出比粗分辨率更为详细的空间分布变化。将土壤沙粒空间分布预测图与地形水文参数图对比可知，生产获得 D4 土壤沙粒含量的空间分布变化状况，整体上与输入参数 Aspect 和 SDR 的空间分布图相似，在 Aspect 小、SDR 大的地区，土壤沙粒含量高。这与上述主要影响因子分析结果一致。

将土壤黏粒空间分布预测图与粗分辨率土壤黏粒图比较，结果相差不多，预测图呈现出比粗分辨率更为详细的空间分布变化。将土壤黏粒空间分布预测图与地形水文参数图对比可知，生产获得 D4 土壤黏粒含量的空间分布变化状况，整体上与输入参数 FL 和 SDR 的空间分布图相似，在 FL 大、SDR 大的地区，土壤黏粒含量高。这与上述主要影响因子分析结果一致。

D4 层土壤沙粒验证精度与最佳模型精度对比情况如表 5.9 显示，D4 层土壤沙粒最佳 ANN 模型，在独立验证区域应用时，RMSE 提高了 3.1%，R^2 降低了 0.21，ROA ± 5% 降低了 22%，3 个模型评价指标整体显示，模型预测能力下降。

D4 层土壤黏粒验证精度与最佳模型精度对比情况如表 5.9 显示，D4 层土壤黏粒最佳 ANN 模型，在独立验证区域应用时，RMSE 提高了 2.1%，R^2 降低了 0.21，ROA ± 5% 降低了 11%，3 个模型评价指标整体显示，在独立验证时模型预测能力略有下降。

表5.9　D4土层土壤质地模型精度与独立验证精度对比

土壤质地	指标值	RMSE（%）	R^2	ROA±5%
沙粒	最佳模型精度	8.2	0.69	64%
	独立验证精度	11.3	0.48	42%
	变化	+3.1	−0.21	−22%
黏粒	最佳模型精度	9.7	0.56	55%
	独立验证精度	11.8	0.35	44%
	变化	+2.1	−0.21	−11%

5.6 第五层土壤质地的空间分布与特征分析

对 D5 土壤沙粒所构建的 ANN 模型，输入部分是在必选参数 CST 的基础上，由 1 个至 4 个逐渐叠加候选的地形水文参数，经筛选获得的 D5 土层沙粒模型输入最优组合由 4 个候选参数组成，如表 5.10，包括 Aspect、SDR、Slope、Elevation。该模型的输入参数比较稳定，1 参数至 4 参数输入组合，每一组和均在上一级参数组合的基础上增加 1 个新的参数。随候选参数由 1 个逐渐增加至 4 个，模型各评价指标显示，模型预测能力逐渐提高，其中 RMSE 由 12.4% 降低至 7.7%，R^2 由 0.37 逐渐提高至 0.71，ROA ± 5% 也逐渐提高由 42% 至 70%，可见当 4 个组合参数时模型达到最佳状态。

在所有最优输入组合中，Aspect 能够直接解释 D5 层土壤沙粒含量变化的 37%，Aspect 和 SDR 组合对土壤沙粒含量变化解释率能够增加到 44%，而再增加 Slope 时，模型解释率增加了 15%，且 Aspect 和 Slope 在后面的模型输入最优组合中全部出现。由此，Aspect 对 D5 层土壤沙粒的预测能力相对较强，Slope 次之。

对 D5 土壤层黏粒所构建的 ANN 模型，输入部分是在必选参数 CST 的基础上，由 1 个至 4 个逐渐叠加候选的地形水文参数，经筛选获得的 D4 土层黏粒模型输入最优组合由 4 个候选参数组成，如表 5.10，包括 Aspect、SDR、STF、FL。该模型的输入参数比较稳定，是在 1 参数 Aspect 的基础上依次增加 SDR、STF 和 FL 形成的。其中 RMSE 由 11.7% 降低至 8.1%，R^2 由 0.35 逐渐提高至 0.69，ROA ± 5% 也逐渐提高由 38% 至 61%，可见当

4个组合参数时模型达到最佳状态。

在所有最优输入组合中，Aspect能够直接解释D5层土壤黏粒含量变化的35%，最佳模型中的其他元素解释率影响程度均在11%之内，可见Aspect对D4层土壤黏粒的预测能力最强。

表5.10　土壤质地D5土层ANN模型输入最优组合

土壤质地	参数个数	RMSE（%）	R^2	ROA±5%	最优输入组合
沙粒	1	12.4	0.37	42%	Aspect
	2	12.2	0.44	55%	Aspect, SDR
	3	10.2	0.59	59%	Aspect, SDR, Slope
	4	7.7	0.71	70%	Aspect, SDR, Slope, Elevation
	5	6.2	0.87	73%	Slope, Aspect, SDR, FD, PSR
	6	6.2	0.87	74%	Elevation, Slope, Aspect, SDR, DTW, PSR
	7	7.6	0.84	78%	Slope, Aspect, SDR, DTW, FL, FD, PSR
	8	11.2	0.80	80%	Elevation, Slope, STF, SDR, DTW, FL, FD, PSR
	9	13.2	0.75	72%	Elevation, Slope, Aspect, STF, SDR, DTW, FL, FD, PSR
黏粒	1	11.7	0.35	38%	Aspect
	2	10.1	0.52	48%	Aspect, SDR
	3	9.5	0.58	54%	Aspect, SDR, STF
	4	8.1	0.69	61%	Aspect, SDR, STF, FL
	5	5.4	0.87	66%	Slope, Aspect, SDR, DTW, FD
	6	12.5	0.76	78%	Elevation, Slope, Aspect, STF, SDR, DTW
	7	5.2	0.88	74%	Elevation, Slope, Aspect, STF, DTW, FL, PSR
	8	5.4	0.86	70%	Elevation, Aspect, STF, SDR, DTW, FL, FD, PSR
	9	6.5	0.84	61%	Elevation, Slope, Aspect, STF, SDR, DTW, FL, FD, PSR

用筛选获得的最优ANN预测模型生产D5土壤层沙粒的空间分布图，如图5.9，预测平均值为52.9%±6.7%，含量在5个土壤层中排第4，在50%~60%的范围内。预测值与样点实测值的对比，两者的平均值基本接近，其中D5层的土壤沙粒的预测值52.9%，比实测值51.1%高1.8%；预测值的标准差为6.7%，比实测值的标准差15.2%低8.5%，预测较为合理。

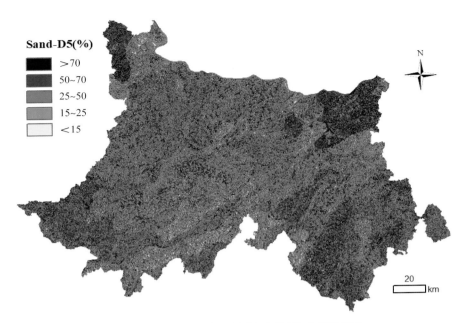

图5.9　D5土壤层沙粒空间分布预测图

用筛选获得的最优 ANN 预测模型生产 D5 土壤层黏粒的空间分布图，如图 5.10。D5 黏粒的含量排第二，预测平均值为 29.1%±4.3%，空间上主要在 22%~32% 的范围内。预测值与样点实测值的对比，两者的平均值基本接近，其中 D5 层的土壤黏粒的预测值 29.1%，比实测值 31.1% 低 2%；预测值的标准差为 4.3%，比实测值的标准差 14.9% 低 10.6%，因此预测较为合理。

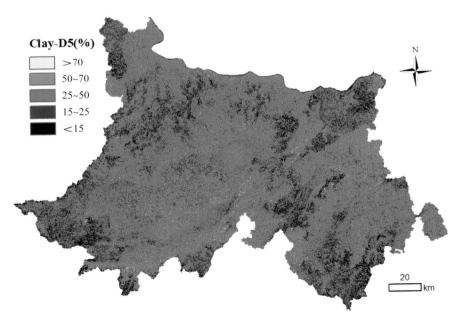

图5.10　D5土壤层黏粒空间分布预测图

将土壤沙粒空间分布预测图与粗分辨率土壤沙粒图比较，结果相似，预测图呈现出比粗分辨率更为详细的空间分布变化。将土壤沙粒空间分布预测图与地形水文参数图对比可知，生产获得 D5 土壤沙粒含量的空间分布变化状况，整体上与输入参数 Aspect 和 Slope 的空间分布图相似，在 Aspect 小、Slope 小的地区，土壤沙粒含量高。这与上述主要影响因子分析结果一致。

将土壤黏粒空间分布预测图与粗分辨率土壤黏粒图比较，结果相差不多，预测图呈现出比粗分辨率更为详细的空间分布变化。将土壤黏粒空间分布预测图与地形水文参数图对比可知，生产获得 D5 土壤黏粒含量的空间分布变化状况，整体上与输入参数 Aspect 的空间分布图相似，在 Aspect 小的地区，土壤黏粒含量高。这与上述主要影响因子分析结果一致。

D5 层土壤沙粒验证精度与最佳模型精度对比情况如表 5.11 显示，D5 层土壤沙粒最佳 ANN 模型，在独立验证区域应用时，RMSE 提高了 1.5%，R^2 降低了 0.36，ROA ± 5% 降低了 23%，3 个模型评价指标整体显示，模型预测能力略微下降。

D5 层土壤黏粒验证精度与最佳模型精度对比情况如表 5.11 显示，D5 层土壤黏粒最佳 ANN 模型，在独立验证区域应用时，RMSE 提高了 2.8%，R^2 降低了 0.31，ROA ± 5% 降低了 21%，3 个模型评价指标整体显示，在独立验证时模型预测能力略有下降。

表5.11　D5土层土壤质地模型精度与独立验证精度对比

土壤质地	指标值	RMSE（%）	R^2	ROA±5%
沙粒	最佳模型精度	7.7	0.71	70%
	独立验证精度	9.2	0.35	47%
	变化	+1.5	−0.36	−23%
黏粒	最佳模型精度	8.1	0.69	61%
	独立验证精度	10.9	0.38	40%
	变化	+2.8	−0.31	−21%

第六章
云浮森林土壤养分三维空间分析

6.1 三维土壤有机质分析

6.1.1 土壤有机质样点统计学分析

按全国第二次土壤普查推荐的土壤养分 SOM 分级标准，将云浮市 5 个县内土壤剖面各土壤层的 SOM 实测值进行统计分析，如表 6.1。SOM 含量的平均值，在 D1 土壤层为 24.17 g/kg，属于 Ⅲ 级（含量高）的水平；D2~D5 土壤层处于 10.40~16.79 g/kg 的范围，属于 Ⅳ 级（含量中）的水平。SOM 含量的最小值，在 D1 土壤层为 7.91 g/kg，属于 Ⅴ 级（含量低）的水平，D2~D5 土壤层处于 0.44~5.27 g/kg 的范围，为 Ⅵ 级（含量很低）的水平。SOM 含量的最大值，在 D1~D5 土壤层均处于 48.28~60.20 g/kg 的范围，属于 Ⅰ 级（含量极高）的水平。SOM 含量的标准差，在 D1~D5 土壤层处于 6.73~13.59 g/kg 的范围，且随土壤深度的增加而逐渐减小，表明随土壤深度的增加，SOM 的空间变异性逐渐减小。

表6.1 各土壤层土壤样点SOM含量实测数据统计表

土壤层	最小值(g/kg)	最大值(g/kg)	平均值(g/kg)	标准差(g/kg)
D1	7.91	60.20	24.17	13.59
D2	1.49	55.19	16.79	8.53
D3	0.44	48.28	13.71	7.44
D4	0.88	55.02	12.06	7.20
D5	5.27	49.81	10.40	6.73

6.1.2 第一层土壤有机质的空间分布与特征分析

对 D1 土壤层 SOM 构建的 ANN 模型进行输入候选参数的筛选，获得的最优输入组合为 6 参数组合，如表 6.2，包括 Slope、Aspect、SDR、TPI、PSR 和 DTW。模型输入参数类型显示，该组合是在 1 参数 Slope 基础上，依次增加 Aspect、SDR、TPI、PSR 和 DTW 构成的。随候选参数由 1 个逐渐增加至 6 个，模型评价指标显示的预测精度逐渐提高，其中 RMSE 由 144.90 g/kg 逐渐降低至 59.92 g/kg，R^2 由 0.48 逐渐提高至 0.82，ROA ± 5%、ROA ± 10% 和 ROA ± 20% 分别逐渐提高至 39%、64% 和 74%。其中参数个数由 4 个增加至 5 个时，ROA ± 5% 下降了 3%，ROA ± 20% 不变，属于正常现象，继续增加组合参数至 6 个时，5 个模型精度评价指标均得到进一步优化。当参数个数增加至 7、8 和 9 个时，由于输入参数个数逐渐增加，模型本身的不确定性增强，使得模型评价指标 RMSE 迅速增加以及 R^2 相对降低，表明模型预测能力开始降低。因此，选择 6 参数组合为预测 D1 土层 SOM 模型的最优组合。

表6.2 SOM D1土层ANN模型输入最优组合

参数个数	RMSE (g/kg)	R^2	ROA ±5%	ROA ±10%	ROA ±20%	最优输入组合
1	144.90	0.48	22%	42%	56%	Slope
2	136.98	0.51	23%	46%	59%	Slope, Aspect
3	109.65	0.64	28%	49%	64%	Slope, Aspect, SDR
4	102.63	0.67	34%	55%	69%	Slope, Aspect, SDR, TPI
5	98.38	0.69	31%	57%	69%	Slope, Aspect, SDR, TPI, PSR
6	59.92	0.82	39%	64%	74%	Slope, Aspect, SDR, TPI, PSR, DTW
7	119.46	0.68	40%	64%	73%	Slope, Aspect, SDR, TPI, PSR, DTW, FL
8	103.62	0.74	50%	70%	81%	Slope, Aspect, SDR, TPI, PSR, DTW, FL, FD
9	100.43	0.74	36%	56%	68%	Slope, Aspect, SDR, TPI, PSR, DTW, FL,FD,STF

在所有最优输入组合中，Slope 能够直接解释 D1 层 SOM 含量变化的 48%，Slope 和 Aspect 的组合对 SOM 变化解释率增加到 51%，再加入 SDR 则增加到 64%，而且 Slope 和 SDR 在后面的模型输入最优组合中全部出现。由此，Slope 对 D1 层土壤养分 SOM 的预测能力相对较强，SDR 次之。

用筛选获得的最优 ANN 预测模型生产 D1 土壤层 SOM 的空间分布图，并依据全国第二次土壤普查推荐的土壤养分 SOM 分级标准，对预测结果由高到低依次进行区间划分为Ⅰ级、Ⅱ级、Ⅲ级、Ⅳ级、Ⅴ级和Ⅵ级，如图 6.1。D1 土壤层 SOM 的含量最高，预测平均值为 22.66 ± 9.97 g/kg，空间上主要分布在 20~30 g/kg 及 10~20 g/kg 的范围内，分别为全国第二次土壤普查规定的Ⅲ级（含量高）和Ⅳ级（含量中）的水平；在局部区域，分布着 6~10 g/kg 的 V 级（含量低）和 30~40 g/kg 的Ⅱ级（含量很高）水平。预测值与样点实测值的对比，两者的平均值基本接近，其中预测值为 22.66 g/kg，比实测值 24.17 g/kg 低 1.51 g/kg；预测值的标准差为 9.97 g/kg，比实测值的标准差 13.59 g/kg 低 3.62 g/kg。因此预测较合理。

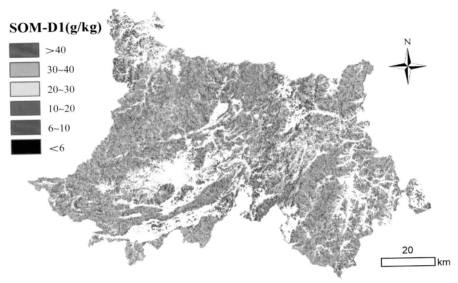

图6.1 D1土壤层SOM空间分布预测图

将 D1 土壤层 SOM 的空间分布预测图与粗分辨率 SOM 图比较，两者空间分布的平均等级基本一致，均主要处于Ⅲ级（含量高）和Ⅳ级（含量中）的水平，同时预测图呈现出比 CSOM 更为详细的空间分布变化。将土壤养分 SOM 空间分布预测图与地形水文参数图对比可知，生产获得 D1 土壤层 SOM 含量的空间分布变化状况，整体上与输入参数 Slope 和 SDR 的空间分布图相似，在 Slope 大和 SDR 小的地区，SOM 含量高。这与上述主要影响因子分析结果一致。

6.1.3 第二层土壤有机质的空间分布与特征分析

对 D2 土壤层 SOM 构建的 ANN 模型进行输入候选参数的筛选，获得的最优输入参数组合为 5 参数组合，如表 6.3，分别为 Slope、SDR、TPI、STF 和 Aspect。模型输入参数类型显示，该组合的参数类型比较稳定，1 参数 Slope 的基础上依次增加 SDR 和 STF 构成 3 参数组合，之后 TPI 和 DTW 替代 3 参数组合中的 STF 构成 4 参数组合，进而 4 参数组合中的 DTW 被 STF 和 Aspect 替代构成 5 参数组合。除 4 参数组合中的 DTW 外，

1 参数至 4 参数组合中的其他输入变量均在 5 参数组合中被选中。模型评价指标显示，ROA ± 5%、ROA ± 10% 和 ROA ± 20% 在 5 参数组合时，均增加至最大值，分别为 46%、67% 和 78%。尽管 5 参数后继续增加参数个数，RMSE 和 R^2 均得到一定程度的优化，但 ROA 的 3 个指标均开始降低，考虑到模型的应用性要求有较高的 ROA 精度，以及增加参数个数易引起模型自身的不确定性。因此，选择 5 参数组合为预测 D2 土层 SOM 模型的最优组合。

表6.3　SOM D2土层ANN模型输入最优组合

参数个数	RMSE (g/kg)	R^2	ROA ±5%	ROA ±10%	ROA ±20%	最优输入组合
1	60.47	0.41	24%	43%	56%	Slope
2	166.70	0.29	24%	45%	59%	Slope, SDR
3	61.45	0.57	32%	52%	65%	Slope, SDR, STF
4	31.60	0.76	37%	55%	69%	Slope, SDR, TPI, DTW
5	35.55	0.76	46%	67%	78%	Slope, SDR, TPI, STF, Aspect
6	27.92	0.79	39%	64%	76%	Slope, SDR, TPI, STF, FD, PSR
7	25.90	0.81	42%	65%	76%	Slope, SDR, TPI, STF, FD, PSR, FL
8	23.42	0.83	40%	64%	73%	Slope, SDR, TPI, STF, FD, PSR, FL, Aspect
9	28.13	0.80	39%	63%	76%	Slope, SDR, TPI, STF, FD, PSR, FL, Aspect, DTW

在所有最优输入组合中，Slope 能够直接解释 D2 层 SOM 含量变化的 41%，Slope 和 SDR 组合的基础上增加 STF，对 SOM 变化解释率增加了 38%，而且 Slope 在模型输入最优组合中全部出现，STF 在 3 参数最优组合及 5~9 参数最优组合中均被选中。由此，Slope 对 D2 层土壤养分 SOM 的预测能力相对较强，STF 次之。

用筛选获得的最优 ANN 预测模型生产 D2 土壤层 SOM 的空间分布图，并依据全国第二次土壤普查推荐的土壤养分 SOM 分级标准，对预测结果由高到低依次进行区间划分为 Ⅰ 级、Ⅱ 级、Ⅲ 级、Ⅳ 级、Ⅴ 级和 Ⅵ 级，如图 6.2。D2 土壤层 SOM 含量与 D3 土壤层相当，低于 D1 土壤层且高于 D4 和 D5 土壤层，预测平均值为 16.58 ± 5.15 g/kg，空间上主要分布在 10~20 g/kg 的范围内，为全国第二次土壤普查规定的 Ⅳ 级（含量中）的水平；在局部区域，均匀分布着 20g~30 g/kg 的 Ⅲ 级（含量高）水平。预测值与样点实测值的对比，两者的平均值基本接近，其中预测值为 16.58 g/kg，比实测值 16.79 g/kg 低 0.21 g/kg；预测值的标准差为 5.15 g/kg，比实测值的标准差 8.53 g/kg 低 3.38 g/kg。因此预测较合理。

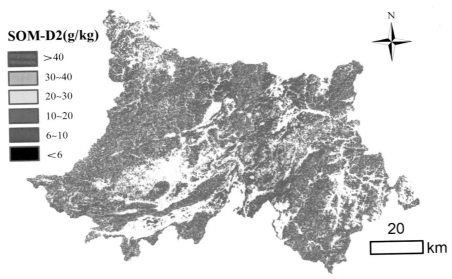

SOM-D2(g/kg)
- \>40
- 30~40
- 20~30
- 10~20
- 6~10
- <6

20 km

图6.2　D2土壤层SOM空间分布预测图

将土壤养分 SOM 空间分布预测图与地形水文参数图对比可知，生产获得 D2 土壤层 SOM 含量的空间分布变化状况，整体上与输入参数 Slope 和 STF 的空间分布图相似，在 Slope 大和 STF 小的地区，SOM 含量高。这与上述主要影响因子分析结果一致。

6.1.4 第三层土壤有机质的空间分布与特征分析

对 D3 土壤层 SOM 的 ANN 模型输入候选参数进行筛选，获得的最优组合包括 PSR、FD、Aspect、Slope、DTW 和 TPI，共 6 个参数，如表6.4。模型输入参数类型显示，在 1 参数 PSR 的基础上增加 FD 至 2 参数组合，之后继续增加参数至 6 参数组合的过程中，各级组合均是在上一级组合的基础上改变 1 个参数后再增加 1 个参数构成的。模型评价指标显示，6 参数组合时，RMSE 达到最低，为 16.19g/kg，R^2 达到最大值，为 0.85，ROA±5%、ROA±10% 和 ROA±20% 分别逐渐增加至 45%、66% 和 76%。继续增加 1 个参数至 7 参数组合时，RMSE 显著增加至 24.07 g/kg，R^2 大幅度降低 0.09 至 0.76，表明模型预测能力开始降低；ROA 的 3 个指标趋于稳定，其中 ROA±10% 和 ROA±20% 仅分别提高 2% 和 1%，ROA±5% 降低 3%。因此，选择 6 参数组合为预测 D3 土层 SOM 模型的最优组合。

表6.4　SOM D3土层ANN模型输入最优组合

参数个数	RMSE (g/kg)	R^2	ROA±5%	ROA±10%	ROA±20%	最优输入组合
1	39.68	0.53	22%	43%	52%	PSR
2	47.14	0.44	29%	45%	55%	PSR, FD

续表

参数个数	RMSE (g/kg)	R^2	ROA ±5%	ROA ±10%	ROA ±20%	最优输入组合
3	27.41	0.71	31%	51%	66%	PSR, Aspect, FL
4	25.89	0.73	37%	56%	66%	PSR, FD, Aspect, DTW
5	23.72	0.76	37%	58%	70%	PSR, FD, Aspect, Slope, SDR
6	16.19	0.85	45%	66%	76%	PSR, FD, Aspect, Slope, DTW, TPI
7	24.07	0.76	42%	68%	77%	FD, Aspect, FL, Slope, SDR, TPI, DTW
8	24.92	0.78	43%	70%	78%	FD, Aspect, FL, Slope, SDR, TPI, DTW, STF
9	18.72	0.82	37%	60%	74%	FD, Aspect, FL, Slope, SDR, TPI, DTW, STF,PSR

在所有最优输入组合中，PSR 能够直接解释 D3 层 SOM 含量变化的 53%，加入 FD 对 SOM 变化解释率降低到 44%，Aspect 和 FL 替换 FD 后增加到 71%，PSR 和 FD 的基础上增加 Aspect 和 DTW，对 SOM 变化解释率由 44% 增加至 73%，而且 PSR 和 SDR 在模型输入最优组合中出现次数最多均为 7 次。由此，PSR 对 D3 层土壤养分 SOM 的预测能力相对较强，STF 次之。

用筛选获得的最优 ANN 预测模型生产 D3 土壤层 SOM 的空间分布图，并依据全国第二次土壤普查推荐的土壤养分 SOM 分级标准，对预测结果由高到低依次进行区间划分为 I 级、II 级、III 级、IV 级、V 级和 VI 级，如图 6.3。D3 土壤层 SOM 含量与 D2 土壤层相当，低于 D1 土壤层且高于 D4 和 D5 土壤层，预测平均值为 16.16 ± 5.82 g/kg，空间上主要分布在 10~20 g/kg 的范围内，为全国第二次土壤普查规定的 IV 级（含量中）的水平；

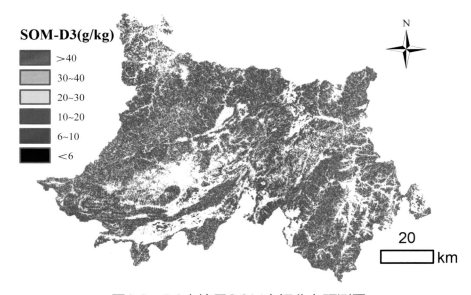

图6.3　D3土壤层SOM空间分布预测图

在局部区域，均匀分布着 20~30 g/kg 的 Ⅲ 级（含量高）水平。预测值与样点实测值的对比，两者的平均值基本接近，其中预测值为 16.16 g/kg，比实测值 13.71 g/kg 高 2.45 g/kg；预测值的标准差为 5.82 g/kg，比实测值的标准差 7.44 g/kg 低 1.62 g/kg。因此预测较合理。

将土壤养分 SOM 空间分布预测图与地形水文参数图对比可知，生产获得 D3 土壤层 SOM 含量的空间分布变化状况，整体上与输入参数 PSR 和 STF 的空间分布图相似，在 PSR 大和 STF 小的地区，SOM 含量高。这与上述主要影响因子分析结果一致。

6.1.5 第四层土壤有机质的空间分布与特征分析

对 D4 土壤层 SOM 的模型输入候选参数进行筛选，如表 6.5，所得到的最优组合为 5 参数组合，分别为 Slope、TPI、PSR、FD 和 DTW。模型输入参数类型显示，该组合是在 1 参数 Slope 的基础上依次增加 TPI、PSR 和 FL 至 4 参数组合，之后 FD 和 DTW 取代 4 参数组合中的 FL 形成的。模型评价指标显示，1 参数增加至 6 参数组合时，RMSE 和 R^2 分别降低至 20.61 g/kg 和提高至 0.78，ROA ± 5%、ROA ± 10% 和 ROA ± 20% 分别稳定增长至 38%、58% 和 72%。继续增加至 6 参数组合时，RMSE 和 R^2 两个指标显示预测能力开始降低，ROA ± 5% 和 ROA ± 20% 保持不变，均分别为 38% 和 72%，ROA ± 10% 仅提高 2%，相对稳定。因此，选择 5 参数组合为预测 D4 土层 SOM 模型的最优组合。

表6.5　SOM D4土层ANN模型输入最优组合

参数个数	RMSE (g/kg)	R^2	ROA ±5%	ROA ±10%	ROA ±20%	最优输入组合
1	36.83	0.54	21%	42%	56%	Slope
2	26.37	0.70	24%	46%	63%	Slope, TPI
3	23.17	0.75	28%	50%	63%	Slope, TPI, PSR
4	22.79	0.75	31%	54%	67%	Slope, TPI, PSR, FL
5	20.61	0.78	38%	58%	72%	Slope, TPI, PSR, FD, DTW
6	21.43	0.77	38%	60%	72%	SDR, TPI, PSR, FD, Aspect, FL
7	18.08	0.81	40%	61%	74%	Slope, TPI, SDR, Aspect, STF, FL, DTW
8	23.75	0.74	39%	62%	76%	Slope, TPI, SDR, Aspect, STF, FL, PSR DTW
9	22.21	0.77	44%	66%	77%	Slope, TPI, SDR, Aspect, STF, FL, PSR,FD,DTW

在所有最优输入组合中，Slope 能够直接解释 D4 层 SOM 含量变化的 54%，Slope 和 TPI 的组合对 SOM 变化解释率增加到 70%，而且 Slope 和 TPI 在后面的模型输入最优组合中全部出现。由此，Slope 对 D4 层土壤养分 SOM 的预测能力相对较强，TPI 次之。

用筛选获得的最优 ANN 预测模型生产 D4 土壤层 SOM 的空间分布图,并依据全国第二次土壤普查推荐的土壤养分 SOM 分级标准,对预测结果由高到低依次进行区间划分为 I 级、II 级、III 级、IV 级、V 级和VI级,如图 6.4。D4 土壤层 SOM 含量低于 D1~D3 土壤层且高于 D5 土壤层,预测的平均值为 15.14 ± 6.73 g/kg,空间分布主要处于 10~20 g/kg 的IV级(含量中)水平,在局部均匀分布着 20~30 g/kg 的III级(含量高)和 6~10 g/kg 的 V 级(含量低)范围。预测值与样点实测值的对比,两者的平均值基本接近,其中预测值为 15.14 g/kg,比实测值 12.06 g/kg 高 3.08 g/kg;预测值的标准差为 6.73 g/kg,比实测值的标准差 7.20 g/kg 低 0.47 g/kg。因此预测较合理。

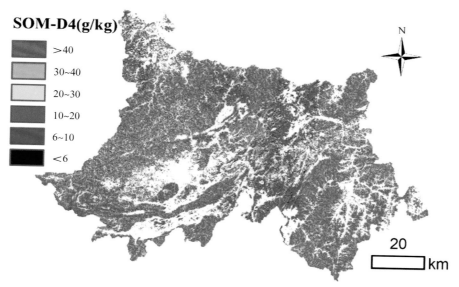

图6.4　D2土壤层SOM空间分布预测图

将土壤养分 SOM 空间分布预测图与地形水文参数图对比可知,生产获得 D4 土壤层 SOM 含量的空间分布变化状况,整体上与输入参数 Slope 和 TPI 的空间分布图相似,在 Slope 大、TPI 为上坡位的地区,SOM 含量高。这与上述主要影响因子分析结果一致。

6.1.6 第五层土壤有机质的空间分布与特征分析

对 D5 土壤层 SOM 的模型输入候选参数进行筛选,获得的最优组合为 5 参数组合,如表 6.6,包括 Slope、SDR、Aspect、FL 和 TPI。模型输入参数类型显示,5 参数组合为 1~4 参数组合的集合,其中 4 参数组合是将 3 参数组合中的 Aspect 替换为 FL 和 TPI 构成的,其余组合均是在上一级组合的基础上直接增加 1 个参数构成。5 参数组合时,RMSE 达到最低为 15.34 g/kg,R^2 达到最高为 0.83,ROA 的 3 个指标逐渐提高并趋于稳定。继续增加参数至 6 个时,ROA ± 5% 和 ROA ± 10% 分别仅降低和增加 1%,ROA ± 20% 稳定于

70% 不变。因此，选择 5 参数组合为预测 D5 土层 SOM 模型的最优组合。

表6.6 SOM D5土层ANN模型输入最优组合

参数个数	RMSE (g/kg)	R^2	ROA ±5%	ROA ±10%	ROA ±20%	最优输入组合
1	30.86	0.56	19%	39%	49%	Slope
2	23.02	0.70	20%	43%	58%	Slope, SDR
3	21.37	0.73	28%	48%	61%	Slope, SDR, Aspect
4	22.56	0.71	28%	50%	60%	Slope, SDR, FL, TPI
5	15.34	0.83	40%	60%	70%	Slope, SDR, Aspect, FL, TPI
6	15.35	0.81	39%	61%	70%	Slope, SDR, Aspect, FL, STF, DTW
7	19.68	0.80	40%	62%	71%	Slope, SDR, Aspect, TPI, STF, DTW, PSR
8	21.94	0.76	42%	60%	71%	Slope, SDR, Aspect, TPI, STF, DTW, PSR, FL
9	24.96	0.72	27%	49%	64%	Slope, SDR, Aspect, TPI, STF, DTW, PSR, FL, FD

在所有最优输入组合中，Slope 能够直接解释 D5 层 SOM 含量变化的 56%，Slope 和 SDR 的组合对 SOM 变化解释率增加到 70%，而且 Slope 和 SDR 在后面的模型输入最优组合中全部出现。由此，Slope 对 D5 层土壤养分 SOM 的预测能力相对较强，SDR 次之。

用筛选获得的最优 ANN 预测模型生产 D5 土壤层 SOM 的空间分布图，并依据全国第二次土壤普查推荐的土壤养分 SOM 分级标准，对预测结果由高到低依次进行区间划分为Ⅰ级、Ⅱ级、Ⅲ级、Ⅳ级、Ⅴ级和Ⅵ级，如图 6.5。D5 土壤层 SOM 含量最低，预测的

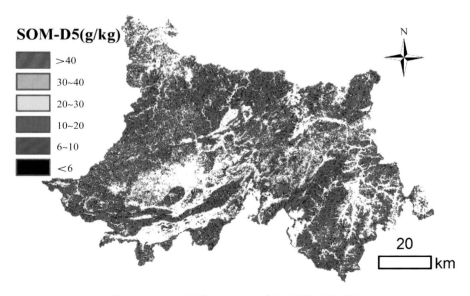

图6.5 D5土壤层SOM空间分布预测图

平均值为 9.05 ± 3.72 g/kg，空间分布主要处于 6~10 g/kg 的 V 级（含量低）水平；同时均分布着 10~20 g/kg 的 Ⅳ 级（含量中）小区域。预测值与样点实测值的对比，两者的平均值基本接近，其中预测值为 9.05 g/kg，比实测值 10.40 g/kg 低 1.35 g/kg；预测值的标准差为 3.72 g/kg，比实测值的标准差 6.73 g/kg 低 3.01 g/kg。因此预测较合理。

将土壤养分 SOM 空间分布预测图与地形水文参数图对比可知，生产获得 D5 土壤层 SOM 含量的空间分布变化状况，整体上与输入参数 Slope 和 SDR 的空间分布图相似，在 Slope 大、SDR 为 50%~65% 的地区，SOM 含量高。这与上述主要影响因子分析结果一致。

6.1.7 模型独立验证精度

验证精度与建模精度对比分析显示，土壤养分 SOM 指标 5 个土壤层中建立的 ANN 模型，在独立验证区域应用时，预测能力有所下降，如表 6.7，具体如下：

表6.7 独立区域SOM模型验证精度

土壤层	验证精度					验证精度-建模精度				
	RMSE (g/kg)	R^2	ROA ±5%	ROA ±10%	ROA ±20%	RMSE	R^2	ROA ±5%	ROA ±10%	ROA ±20%
D1	90.38	0.57	0.27%	0.42%	0.45%	51%	−31%	−30%	−34%	−40%
D2	54.14	0.47	0.31%	0.37%	0.41%	52%	−38%	−32%	−45%	−48%
D3	20.91	0.58	0.31%	0.48%	0.52%	29%	−32%	−31%	−28%	−31%
D4	27.05	0.40	0.27%	0.41%	0.47%	31%	−49%	−30%	−30%	−35%
D5	22.76	0.51	0.26%	0.42%	0.49%	48%	−39%	−36%	−30%	−30%

D1~D5 土壤层中的验证精度 RMSE、R^2、ROA ± 5%、ROA ± 10% 和 ROA ± 20% 依次为 20.91~90.38 g/kg、40%~58%、25%~31%、37%~48% 和 41%~52%，分别比建模精度增加 29%~52%，降低 31%~49%，降低 30%~44%，降低 28%~45% 和降低 30%~48%。其中 D3 土壤层的 5 个模型评价指标的验证精度均达到最优值，RMSE、R^2、ROA ± 5%、ROA ± 10% 和 ROA ± 20% 分别为 20.91 g/kg、58%，31%，48% 和 52%，表明对土壤养分 SOM 构建的 D3 土壤层预测模型的推广能力高于其他 4 个土壤层。

尽管 5 个土壤层 ANN 模型的预测能力存在一定程度上下降，但整体上 5 个模型评价指标依然显示着较好的预测水平，表明筛选获得土壤养分 SOM 的最优 ANN 模型，能够在与本研究区相似的区域推广应用。

6.2 三维土壤全氮分析

6.2.1 土壤全氮样点统计学分析

按全国第二次土壤普查推荐的土壤养分 TN 分级标准，将云浮市 5 个县内土壤剖面各土壤层的 TN 实测值进行统计分析，如表6.8。TN 含量的平均值，在 D1~D4 土壤层处于 1.00~1.10 g/kg 的范围，属于Ⅲ级（含量高）的水平；D5 土壤层为 0.94 g/kg，属于Ⅳ级（含量中）的水平。TN 含量的最小值，在 D1~D5 土壤层处于 0.013~0.027 g/kg 的范围，均属于Ⅵ级（含量很低）的水平。TN 含量的最大值，在 D1~D5 土壤层处于 9.21~14.39 g/kg 的范围，均属于Ⅰ级（含量极高）的水平。TN 含量的标准差，在 D1~D5 土壤层处于 1.19~1.45 g/kg 的范围，其中 D2 和 D4 土壤层最大，均为 1.45 g/kg，表明 TN 的空间变异性在 D2 和 D4 土壤层相等且大于其余土壤层。

表6.8　各土壤层土壤样点TN含量实测数据统计表

土壤层	最小值(g/kg)	最大值(g/kg)	平均值(g/kg)	标准差(g/kg)
D1	0.013	14.39	1.08	1.24
D2	0.013	12.62	1.10	1.45
D3	0.027	9.43	1.03	1.19
D4	0.013	10.53	1.00	1.45
D5	0.014	9.21	0.94	1.24

6.2.2 第一层土壤全氮的空间分布与特征分析

对土壤养分 TN 的 D1 土壤层 ANN 模型输入候选参数进行筛选，如表6.9，获得的最优组合包括 FD、Aspect 、SDR 和 STF，为 4 参数组合。模型输入参数种类显示，1 参数 FD 的基础上增加 STF 构成 2 参数组合，继续增加至 4 参数组合时，每级组合均是在上一级参数组合的基础上改变一个参数后再增加一个参数构成。模型评价指标显示，参数由 1 个增加至 2 个，ROA ± 20% 略微下降了 1%，属于正常现象，其他 4 个指标均得到一致改善；参数增加至 3 个时，RMSE 增加了 0.42 g/kg，R^2 降低了 3%，均在允许变化幅度范围内，其他指标趋于改善；继续增加参数至 4 参数组合时，5 个模型评价指标一致得到明显改善；参数增加至 5 个时，RMSE 开始增加，R^2、ROA ± 5% 和 ROA ± 10% 开始下降，ROA ± 20% 趋于稳定仅增加 1%。由此可看出，5 个模型评价指标整体显示，预测能力在 4 参数组合时已达到最佳稳定状态，与 5 参数和 6 参数组合的预测能力相当。考虑到参数增加模型本身的不确定性随之增加以及模型本身的稳定性问题，选择 4 参数组合为预测 D1 土层 TN 模型的最优组合。

表6.9　TN D1土层ANN模型输入最优组合

参数个数	RMSE (g/kg)	R^2	ROA ±5%	ROA ±10%	ROA ±20%	最优输入组合
1	1.11	0.34	16%	32%	42%	FD
2	0.88	0.55	20%	34%	41%	FD, STF
3	1.30	0.52	20%	36%	45%	SDR, STF, Slope
4	0.86	0.57	24%	41%	49%	FD, Aspect, SDR, STF
5	0.87	0.56	23%	39%	50%	FD, SDR, STF, FL, TPI
6	0.62	0.52	24%	43%	44%	FD, Aspect, SDR, STF, FL, DTW
7	0.79	0.62	24%	43%	48%	FD, Aspect, SDR, STF, FL, Slope, TPI
8	0.71	0.67	23%	42%	48%	FD, Aspect, SDR, FL, Slope, TPI, DTW, PSR
9	0.78	0.63	20%	37%	50%	FD, Aspect, SDR, FL, Slope, TPI, DTW, PSR, STF

在所有最优输入组合中，FD 能够直接解释 D1 层 TN 含量变化的 34%，加入 STF 则增加到 55%，而且 FD 出现在除 3 参数组合外的其他组合中，STF 出现在除 1 参数和 8 参数组合外的其他组合中。由此，FD 对 D1 层土壤养分 TN 的预测能力相对较强，STF 次之。

用筛选获得的最优 ANN 预测模型生产 D1 土壤层 TN 的空间分布图，并依据全国第二次土壤普查推荐的土壤养分 TN 分级标准，对预测结果由高到低依次进行区间划分为 I 级、II 级、III 级、IV 级、V 级和VI级，如图 6.6。D1 土壤层 TN 的含量低于 D2 土壤层且高于 D3~D5 土壤层，预测平均值为 1.29 ± 0.72 g/kg，空间上主要分布在 1.00~1.50 g/kg 及

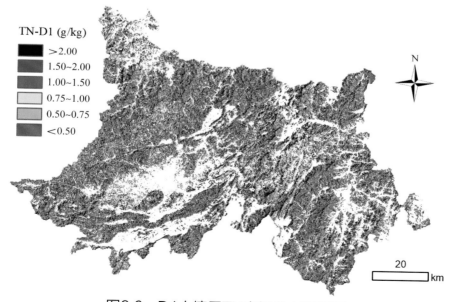

TN-D1 (g/kg)
>2.00
1.50~2.00
1.00~1.50
0.75~1.00
0.50~0.75
<0.50

图6.6　D1土壤层TN空间分布预测图

0.75~1.00 g/kg 的范围内，分别为全国第二次土壤普查规定的Ⅲ级（含量高）和Ⅳ级（含量中）的水平；在局部区域，分布着 0.50~0.75 g/kg 的Ⅴ级（含量低）和 0.50 g/kg 以下的Ⅵ级（含量很低）水平，在局部极小区域，分布着 1.50~2.00 g/kg 的Ⅱ级（含量很高）和 2.00 g/kg 以上的Ⅰ级（含量极高）水平。预测值与样点实测值的对比，两者的平均值基本接近，其中预测值为 1.29 g/kg，比实测值 1.08 g/kg 高 0.21 g/kg；预测值的标准差为 0.72 g/kg，比实测值的标准差 1.24 g/kg 低 0.52 g/kg。因此预测较合理。

将 D1 土壤层 TN 的空间分布预测图与粗分辨率 TN 图比较，两者空间分布的平均等级相差不大，其中预测图处于Ⅳ级（含量中）和Ⅲ级（含量高）水平，0~20 cm 粗分辨率 TN 图处于Ⅳ级（含量中）水平。同时预测图呈现出比 CTN 更为详细的空间分布变化。将土壤养分 TN 空间分布预测图与地形水文参数图对比可知，生产获得 D1 土壤层 TN 含量的空间分布变化状况，整体上与输入参数 FD 和 STF 的空间分布图相似，在 FD 为北、西北和西方向上，STF 小的地区，TN 含量较高。这与上述主要影响因子分析结果一致。

6.2.3 第二层土壤全氮的空间分布与特征分析

对土壤养分 TN 的 D2 土壤层 ANN 模型输入候选参数进行筛选，如表 6.10 优组合为 4 参数组合，包括 FD、STF、Aspect 和 TPI。输入参数种类显示，该组合是在 1 参数 FD 的基础上依次增加 STF、Aspect 和 TPI 构成的，均是在上一级全部参数的基础上增加 1 个参数。模型评价指标显示，参数由 1 个增加至 4 个时，尽管 RMSE 不稳定，分别为 3.50 g/kg、1.59 g/kg、2.34 g/kg 和 1.47 g/kg，但恰好处于低谷；R^2 同样不稳定，分别为 0.37、0.49、0.43 和 0.57，但整体呈上升趋势；ROA 的 3 个指标逐渐提高，均达到最高值，ROA ± 5%、ROA ± 10% 和 ROA ± 20% 分别为 22%、36% 和 46%。虽然 5 参数和 6 参数组合的 RMSE 和 R^2 均有所改善，但 ROA 的 3 个指标开始降低，考虑到模型的应用推广能力要求有相对高的 ROA 精度。因此，选择 4 参数组合为预测 D2 土层 TN 模型的最优组合。

表6.10　TN D2土层ANN模型输入最优组合

参数个数	RMSE (g/kg)	R^2	ROA ±5%	ROA ±10%	ROA ±20%	最优输入组合
1	3.50	0.37	14%	28%	36%	FD
2	1.59	0.49	15%	29%	38%	FD, STF
3	2.34	0.43	21%	31%	43%	FD, STF, Aspect
4	1.47	0.57	22%	36%	46%	FD, STF, Aspect, TPI
5	1.32	0.64	21%	35%	46%	FD, STF, Aspect, TPI, DTW

参数个数	RMSE (g/kg)	R^2	ROA ±5%	ROA ±10%	ROA ±20%	最优输入组合
6	1.05	0.71	21%	35%	45%	FD, STF, Aspect, TPI, FL, SDR
7	1.01	0.72	20%	31%	42%	FD, STF, Aspect, TPI, FL, DTW, PSR
8	1.23	0.68	22%	36%	45%	FD, STF, Aspect, TPI, FL, DTW, PSR, FL
9	1.16	0.67	16%	32%	45%	FD, STF, Aspect, TPI, FL, DTW, PSR, FL, SDR

在所有最优输入组合中，FD 能够直接解释 D2 层 TN 含量变化的 37%，加入 STF 则增加到 49%，而且 FD 和 STF 在后面的模型输入最优组合中全部出现。由此，FD 对 D2 层土壤养分 TN 的预测能力相对较强，STF 次之。

用筛选获得的最优 ANN 预测模型生产 D2 土壤层 TN 的空间分布图，并依据全国第二次土壤普查推荐的土壤养分 TN 分级标准，对预测结果由高到低依次进行区间划分为 I 级、II 级、III 级、IV 级、V 级和VI级，如图 6.7。D2 土壤层 TN 的含量达到最高，预测平均值为 1.44 ± 0.63 g/kg，空间分布主要处于 1.00~1.50 g/kg 的范围内，为全国第二次土壤普查规定的 III 级（含量高）水平；在局部区域均匀分布着 0.75~1.00 g/kg 的 IV 级（含量中）水平。预测值与样点实测值的对比，两者的平均值基本接近，其中预测值为 1.44 g/kg，比实测值 1.10 g/kg 高 0.34 g/kg；预测值的标准差为 0.63 g/kg，比实测值的标准差 1.45 g/kg 低 0.82 g/kg。因此预测较合理。

将土壤养分 TN 空间分布预测图与地形水文参数图对比可知，生产获得 D2 土壤层

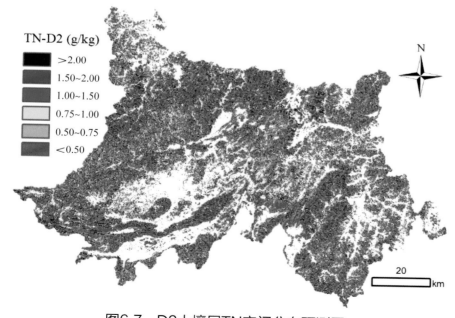

图6.7　D2土壤层TN空间分布预测图

TN 含量的空间分布变化状况，整体上与输入参数 FD 和 STF 的空间分布图相似，在 FD 为北、西北和西方向，STF 小的地区，TN 含量较高。这与上述主要影响因子分析结果一致。

6.2.4 第三层土壤全氮的空间分布与特征分析

对土壤养分 TN 的 D3 土壤层 ANN 模型输入候选参数进行筛选，如表 6.11 获得的最优输入组合为 4 参数组合，包括 FD、TPI、PSR 和 FL。模型输入参数种类显示，该组合是在 1 参数 FD 的基础上依次增加 TPI、PSR 和 FL 形成的。模型评价指标显示，输入参数由 1 个增加至 4 个时，ROA ± 10% 和 ROA ± 20% 分别逐渐增加至 46% 和 55%，其余 3 个评价指标 RMSE、R^2 和 ROA ± 5% 达到 1 参数至 4 参数组合中的最优值，分别为 0.63 g/kg、0.70 和 29%。继续增加参数个数至 5 参数时，RMSE 开始增加，ROA ± 5% 开始下降，R^2 和 ROA ± 10% 处于稳定状态。考虑到参数增加会提高模型的不确定性，选择 4 参数组合为预测 D3 土层 TN 模型的最优组合。

表6.11　TN D3土层ANN模型输入最优组合

参数个数	RMSE (g/kg)	R^2	ROA ±5%	ROA ±10%	ROA ±20%	最优输入组合
1	1.16	0.49	17%	36%	45%	FD
2	0.87	0.66	25%	41%	49%	FD, TPI
3	1.02	0.58	21%	41%	52%	FD, TPI, PSR
4	0.63	0.77	29%	46%	55%	FD, TPI, PSR, FL
5	0.79	0.70	27%	47%	59%	FD, TPI, PSR, Slope, SDR
6	0.88	0.67	23%	45%	54%	FD, TPI, Slope, SDR, Aspect, DTW
7	0.61	0.70	32%	46%	59%	FD, TPI, PSR, FL, Aspect, DTW, STF
8	0.48	0.73	32%	50%	60%	FD, TPI, PSR, FL, Aspect, DTW, STF, Slope
9	0.93	0.63	26%	49%	60%	FD, TPI, PSR, FL, Aspect, DTW, STF, Slope,SDR

在所有最优输入组合中，FD 能够直接解释 D3 层 TN 含量变化的 49%，加入 TPI 则增加到 66%，而且 FD 和 TPI 在后面的模型输入最优组合中全部出现。由此，FD 对 D3 层土壤养分 TN 的预测能力相对较强，TPI 次之。

用筛选获得的最优 ANN 预测模型生产 D3 土壤层 TN 的空间分布图，并依据全国第二次土壤普查推荐的土壤养分 TN 分级标准，对预测结果由高到低依次进行区间划分为 Ⅰ 级、Ⅱ 级、Ⅲ 级、Ⅳ 级、Ⅴ 级和Ⅵ级，如图 6.8。D3 土壤层 TN 的含量高于 D4 和 D5 土壤层且低于 D1 和 D2 土壤层，预测的平均值为 1.20 ± 0.69 g/kg，空间分布主要处于 1.00~1.50 g/kg 和 0.75~1.00 g/kg 的范围内，分别为全国第二次土壤普查规定的Ⅲ级（含量

高）和Ⅳ级（含量中）的水平；在局部区域，均匀分布着 0.50~0.75 g/kg 和 0.50 g/kg 以下的
Ⅴ级（含量低）和Ⅵ级（含量很低）水平，在局部的极小区域，分布着 1.50~2.00 g/kg 的Ⅱ
级（含量很高）水平。预测值与样点实测值的对比，两者的平均值基本接近，其中预测值
为 1.20 g/kg，比实测值 1.03 g/kg 高 0.17 g/kg；预测值的标准差为 0.69 g/kg，比实测值的
标准差 1.19 g/kg 低 0.50 g/kg。因此预测较合理。

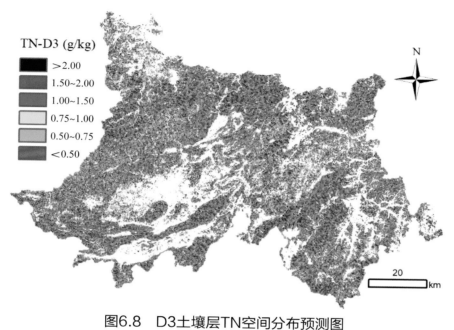

图6.8　D3土壤层TN空间分布预测图

将土壤养分 TN 空间分布预测图与地形水文参数图对比可知，生产获得 D3 土壤层
TN 含量的空间分布变化状况，整体上与输入参数 FD 和 TPI 的空间分布图相似，在 FD
在北、西北和西方向上，TPI 为上坡位的地区，TN 含量较高。这与上述主要影响因子分
析结果一致。

6.2.5 第四层土壤全氮的空间分布与特征分析

对土壤养分 TN 指标的 D4 土壤层 ANN 模型输入候选参数进行筛选，如表 6.12，所
得的最优组合为 5 参数组合，分别为 FD、Aspect、TPI、FL 和 PSR。输入参数类型显
示，1 参数 Aspect 的基础上增加 TPI 组成 2 参数组合，FD 和 DTW 代替 2 参数组合中
的 Aspect 构成 3 参数组合，之后增加 FL 参数构成 4 参数组合，Aspect 和 PSR 代替 4 参数
组合中的 DTW 构成 5 参数组合。模型评价指标显示，5 参数组合时，尽管 RMSE 和 R^2
未到达最优状态，但仍处于较好水平，分别为 1.58g/kg 和 0.62。ROA 的 3 个指标达到除
9 参数组合外的最高水平，ROA ± 5%、ROA ± 10% 和 ROA ± 20% 分别为 18%、32% 和

44%。在 5 参数的基础上继续增加参数时，ROA 的 3 个指标没有显著改善。考虑到模型的推广实用价值，优先选择能在实际应用中获得一定允许误差范围内相对的可靠预测结果的模型，即 ROA 高的参 6 组合模型。因此，选择 5 参数组合为预测 D4 土层 TN 模型的最优组合。

表6.12　TN D4土层ANN模型输入最优组合

参数个数	RMSE (g/kg)	R^2	ROA ±5%	ROA ±10%	ROA ±20%	最优输入组合
1	1.72	0.43	17%	27%	34%	Aspect
2	1.74	0.42	15%	29%	38%	Aspect, TPI
3	1.85	0.44	17%	28%	38%	FD, TPI, DTW
4	1.54	0.52	16%	28%	37%	FD, TPI, DTW, FL
5	1.58	0.62	18%	32%	44%	FD, Aspect, TPI, FL, PSR
6	1.20	0.68	18%	31%	41%	FD, Aspect, TPI, FL, PSR, DTW
7	0.98	0.75	18%	32%	43%	FD, Aspect, FL, PSR, DTW, Slope, STF
8	1.19	0.69	17%	29%	41%	FD, Aspect, TPI, FL, PSR, DTW, Slope, SDR
9	0.65	0.84	23%	36%	46%	FD, Aspect, TPI, FL, PSR, DTW, Slope,SDR,STF

在所有最优输入组合中，Aspect 能够直接解释 D4 层 TN 含量变化的 43%，而且在除 3 参数和 4 参数组合外的其他组合中全部出现。由此，Aspect 对 D4 层土壤养分 TN 的预测能力相对较强。

用筛选获得的最优 ANN 预测模型生产 D4 土壤层 TN 的空间分布图，并依据全国第二次土壤普查推荐的土壤养分 TN 分级标准，对预测结果由高到低依次进行区间划分为Ⅰ级、Ⅱ级、Ⅲ级、Ⅳ级、Ⅴ级和Ⅵ级，如图 6.9。D4 土壤层 TN 的含量与 D5 土壤层相当且低于 D1–D3 土壤层，预测的平均值为 1.16 ± 0.81 g/kg，空间分布主要处于 1.00~1.50 g/kg、0.75~1.00 g/kg 和 0.50~0.75 g/kg 的范围内，分别为全国第二次土壤普查规定的Ⅲ级（含量高）、Ⅳ级（含量中）和Ⅴ级（含量低）水平；在局部区域，分布着 0.50 g/kg 以下的Ⅵ级（含量很低）和 1.50~2.00 g/kg 的Ⅱ级（含量很高）水平。预测值与样点实测值的对比，两者的平均值基本接近，其中预测值为 1.16 g/kg，比实测值 1.00 g/kg 高 0.16 g/kg；预测值的标准差为 0.81 g/kg，比实测值的标准差 1.45 g/kg 低 0.64g/kg。因此预测较合理。

将土壤养分 TN 空间分布预测图与地形水文参数图对比可知，生产获得 D4 土壤层 TN 含量的空间分布变化状况，整体上与输入参数 Aspect 的空间分布图相似，Aspect 在 FD 在北、西北和西方向上，TN 含量较高。这与上述主要影响因子分析结果一致。

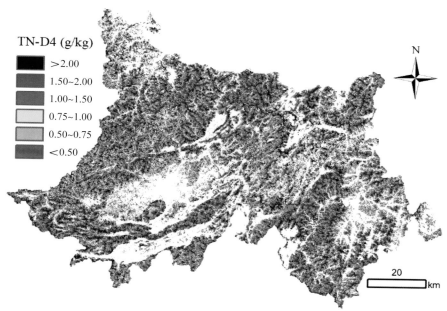

图6.9 D4土壤层TN空间分布预测图

6.2.6 第五层土壤全氮的空间分布与特征分析

对土壤养分 TN 指标的 D5 土壤层 ANN 模型输入候选参数进行筛选，如表 6.13，所获得的最优组合为 2 参数组合，包括 TPI 和 Aspect。输入参数类型显示，该组合比较稳定，其中 TPI 在 1~9 参数组合中均被选中，Aspect 在 2 参数、3 参数、4 参数和 5 参数组合中连续出现。模型评价指标显示，2 参数组合时，ROA 的 3 个评价指标均达到除 9 参数组合之外的最高水平，ROA ± 5%、ROA ± 10% 和 ROA ± 20% 分别达到16%、37% 和38%；RMSE 为 0.91 g/kg，达到除 6 参数和 9 参数组合外的最佳水平；R^2 为 0.62，与 5 参数组合相同，均达到除 6 参数和 9 参数组合外的最佳水平，明显优于 1 参数、3 参数、4 参数、7 参数和 8 参数组合。因此，选择 2 参数组合为预测 D5 土层 TN 模型的最优组合。

表6.13 TN D5土层ANN模型输入最优组合

参数个数	RMSE (g/kg)	R^2	ROA ±5%	ROA ±10%	ROA ±20%	最优输入组合
1	1.32	0.31	13%	29%	33%	TPI
2	0.91	0.62	16%	37%	38%	TPI, Aspect
3	1.10	0.51	10%	31%	32%	TPI, Aspect, FL
4	0.95	0.59	13%	30%	33%	TPI, Aspect, FL, FD
5	0.93	0.62	10%	33%	30%	TPI, Aspect, FL, Slope, DTW
6	0.80	0.68	14%	35%	37%	TPI, FL, Slope, DTW, STF, FD

参数个数	RMSE (g/kg)	R^2	ROA ±5%	ROA ±10%	ROA ±20%	最优输入组合
7	1.19	0.43	13%	34%	30%	TPI, FL, Slope, DTW, STF, FD, PSR
8	1.09	0.50	13%	35%	33%	TPI, FL, DTW, STF, FD, PSR, Aspect, SDR
9	0.82	0.68	19%	27%	37%	TPI, FL, DTW, STF, FD, PSR, Aspect, SDR, Slope

在所有最优输入组合中，TPI 能够直接解释 D5 层 TN 含量变化的 31%，加入 Aspect 则增加到 62%，而且 TPI 在模型输入最优组合中全部出现，Aspect 出现于 2 参数至 5 参数组合及 8 参数和 9 参数组合中。由此，TPI 和 Aspect 对 D5 层土壤养分 TN 的预测能力相对较强。

用筛选获得的最优 ANN 预测模型生产 D5 土壤层 TN 的空间分布图，并依据全国第二次土壤普查推荐的土壤养分 TN 分级标准，对预测结果由高到低依次进行区间划分为 Ⅰ 级、Ⅱ 级、Ⅲ 级、Ⅳ 级、Ⅴ 级和Ⅵ级，如图 6.10。D5 土壤层 TN 的含量与 D4 土壤层相当且低于 D1~D3 土壤层，预测的平均值为 1.13 ± 0.71 g/kg，空间分布主要在 1.00~1.50 g/kg 及 0.75~1.00 g/kg 的范围内，分别为全国第二次土壤普查规定的Ⅲ级（含量高）和Ⅳ级（含量中）的水平；在局部区域，分布着 0.50~0.75 g/kg 的Ⅴ级（含量低）和 0.50 g/kg 以下的Ⅵ级（含量很低）水平，在局部极小区域，分布着 1.50~2.00 g/kg 的Ⅱ级（含量很高）水平。预测值与样点实测值的对比，两者的平均值基本接近，其中预测值为 1.13 g/kg，比实测值 0.94 g/kg 高 0.19 g/kg；预测值的标准差为 0.71 g/kg，比实测值的标准差 1.24 g/kg 低 0.53 g/kg。因此预测较合理。

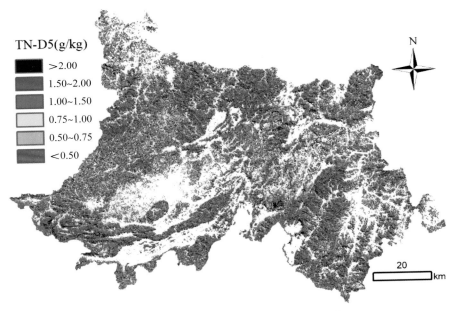

图6.10 D5土壤层TN空间分布预测图

将土壤养分 TN 空间分布预测图与地形水文参数图对比可知，生产获得 D5 土壤层 TN 含量的空间分布变化状况，整体上与输入参数 TPI 和 Aspect 的空间分布图相似，在 TPI 为上坡位，Aspect 在北、西北和西方向上，TN 含量较高。这与上述主要影响因子分析结果一致。

6.2.7 模型独立验证精度

验证精度与建模精度对比分析显示，土壤养分 TN 指标 5 个土壤层中建立的 ANN 模型，在独立验证区域应用时，预测能力有所下降，如表 6.14，具体如下：

表6.14 独立区域TN模型验证精度

土壤层	验证精度					验证精度-建模精度				
	RMSE (g/kg)	R^2	ROA ±5%	ROA ±10%	ROA ±20%	RMSE	R^2	ROA ±5%	ROA ±10%	ROA ±20%
D1	1.24	0.40	16%	31%	33%	45%	−30%	−31%	−25%	−33%
D2	2.21	0.37	13%	19%	32%	50%	−36%	−42%	−48%	−31%
D3	0.94	0.48	20%	24%	39%	49%	−38%	−30%	−48%	−29%
D4	2.30	0.46	11%	19%	25%	46%	−25%	−40%	−40%	−44%
D5	1.22	0.35	12%	21%	24%	34%	−44%	−26%	−43%	−33%

TN 预测模型 D1~D5 土壤层中的验证精度：RMSE、R^2、ROA ± 5%、ROA ± 10% 和 ROA ± 20% 依次为 0.94~2.30 g/kg、35%~48%、11%~20%、19%~31% 和 24%~39%，分别比建模精度增加 34%~50%，降低 25%~44%，降低 26%~42%，降低 25%~48% 和降低 29%~44%。其中 D3 土壤层的的验证精度 RMSE、R^2、ROA ± 5% 和 ROA ± 20% 均达到最优值，分别为 0.94 g/kg、48%、20% 和 39%；ROA ± 10% 为 24%，仅低于 D1 土壤层。整体来看，对土壤养分 TN 构建的 D3 土壤层预测模型的推广能力高于其他 4 个土壤层。

尽管 5 个土壤层 ANN 模型的预测能力存在一定程度上下降，但整体上 5 个模型评价指标依然显示着较好的预测水平，表明筛选获得土壤养分 TN 的最优 ANN 模型，能够在与本研究区相似的区域推广应用。

6.3 三维土壤碱解氮分析

6.3.1 土壤碱解氮样点统计学分析

按全国第二次土壤普查推荐的土壤养分 AN 分级标准，将云浮市 5 个县内土壤剖面各土壤层的 AN 实测值进行统计分析，如表 6.15。AN 含量的平均值，在 D1~D3 土壤层处于 90.01~102.39 mg/kg 的范围，属于 Ⅲ 级（含量高）的水平，D4 和 D5 土壤层分别为 85.63 mg/kg 和 86.31 mg/kg，均属于 Ⅳ 级（含量中）的水平。AN 含量的最小值，在 D1~D5 土壤层处于 2.02~12.72 mg/kg 的范围，均属于 Ⅵ 级（含量很低）的水平。AN 含量的最大值，在 D1~D5 土壤层处于 151.79~183.92 mg/kg 的范围，均属于 Ⅰ 级（含量极高）的水平。AN 含量的标准差，在 D1~D5 土壤层处于 43.96~59.37 mg/kg 的范围，其中 D4 土壤层最大，为 59.37 mg/kg，表明 D4 土壤层 AN 的空间变异性最大。

表6.15　各土壤层土壤样点AN含量实测数据统计表

土壤层	最小值(mg/kg)	最大值(mg/kg)	平均值(mg/kg)	标准差(mg/kg)
D1	12.72	170.54	12.39	43.96
D2	2.02	155.11	91.64	44.94
D3	7.44	183.92	90.01	50.78
D4	10.33	165.07	85.63	59.37
D5	10.82	151.79	81.31	55.18

6.3.2 第一层土壤碱解氮的空间分布与特征分析

对土壤养分 AN 指标 D1 土壤层的 ANN 模型输入候选参数进行筛选，所获得的最组合如表 6.16，为 6 参数组合，包括 Aspect、Slope、STF、SDR、TPI 和 DTW。模型输入参数类型显示，参数由 1 个增加至 4 个时，均是在上一级参数组合的基础上替换掉 1 个参数后增加 1 个参数构成的，其中 1 参数 Aspect 存在于除 2 参数组合之外的其他组合中，2 参数组合中的 STF 被 Aspect 和 TPI 替代构成 3 参数组合，STF 和 SDR 继续替代 3 参数组合中的 TPI 构成 4 参数组合。随后在 4 参数组合的基础上增加 FD 构成 5 参数组合，模型各评价指标得到一致改善。TPI 和 DTW 替换掉 5 参数组合中的 FD 形成 6 参数组合，模型各评价指标继续得到改善，其中 RMSE 达到最低值为 506.93 mg/kg，R^2、ROA ± 10% 和 ROA ± 20% 达到最大值，分别为 0.86、92% 和 95%，ROA ± 5% 仅比 7 参数组合的最大值 81% 低 3%，达到 78%。因此，选择 6 参数组合为预测 D1 土层 AN 模型的最优组合。

表6.16　AN D1土层ANN模型输入最优组合

参数个数	RMSE (mg/kg)	R^2	ROA ±5%	ROA ±10%	ROA ±20%	最优输入组合
1	1565.63	0.43	58%	80%	83%	Aspect
2	1356.82	0.55	59%	83%	86%	Slope, STF
3	894.88	0.73	63%	84%	91%	Aspect, Slope, TPI
4	947.29	0.72	59%	86%	92%	Aspect, Slope, STF, SDR
5	764.50	0.78	71%	89%	93%	Aspect, Slope, STF, SDR, FD
6	506.93	0.86	78%	92%	95%	Aspect, Slope, STF, SDR, TPI, DTW
7	1093.53	0.73	81%	90%	93%	Aspect, Slope, STF, PSR, TPI, DTW, FL
8	680.90	0.82	68%	90%	95%	Aspect, Slope, STF, SDR, TPI, DTW, FL, PSR
9	910.40	0.76	70%	88%	94%	Aspect, Slope, STF, SDR, TPI, DTW, FL, PSR, FD

在所有最优输入组合中，Aspect 能够直接解释 D1 层 AN 含量变化的 43%，Slope 和 STF 的组合对 AN 变化解释率增加到 55%，在 Aspect 的基础上增加 Slope 和 TPI 时对 AN 变化的解释率由 43% 增加到 73%，而且 Aspect 和 Slope 在 9 个参数最优组合中均出现 8 次。由此，Aspect 对 D1 层土壤养分 AN 的预测能力相对较强，Slope 次之。

用筛选获得的最优 ANN 预测模型生产 D1 土壤层 AN 的空间分布图，并依据全国第二次土壤普查推荐的土壤养分 AN 分级标准，对预测结果由高到低依次进行区间划分为 I 级、II 级、III 级、IV 级、V 级和 VI 级，如图 6.11。D1 土壤层 AN 含量最高，预测的平均值为 97.97 ± 30.42 mg/kg，空间上主要处于 90~120 mg/kg 及 60~90 mg/kg 的范围内，分别

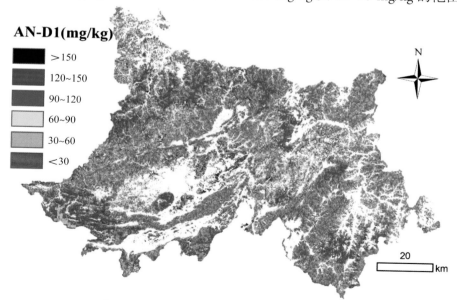

AN-D1(mg/kg)

■	>150
■	120~150
■	90~120
□	60~90
■	30~60
■	<30

N

20 km

图6.11　D1土壤层AN空间分布预测图

为全国第二次土壤普查规定的Ⅲ级（含量高）和Ⅳ级（含量中）的水平，且Ⅲ级（含量高）的面积比例大于Ⅳ级（含量中）的面积比例；在局部区域，分布着120~150 mg/kg的Ⅱ级（含量很高）和30~60 mg/kg的Ⅴ级（含量低）水平。预测值与样点实测值的对比，两者的平均值基本接近，其中预测值为97.97 mg/kg，比实测值102.39 mg/kg低4.42 mg/kg；预测值的标准差为30.42 mg/kg，比实测值的标准差43.96 mg/kg低13.54 mg/kg。因此预测较合理。

将D1土壤层AN的空间分布预测图与0~20 cm粗分辨率AN图比较，两者空间分布的平均等级相差不大，其中预测图处于Ⅳ级（含量中）和Ⅲ级（含量高）水平，0~20 cm粗分辨率AN图处于Ⅳ级（含量中）水平。同时预测图呈现出比CAN更为详细的空间分布变化。将土壤养分AN空间分布预测图与地形水文参数图对比可知，生产获得D1土壤层AN含量的空间分布变化状况，整体上与输入参数Aspect和Slope的空间分布图相似，Aspect在北、西北和西方向，Slope大的地区，AN含量较高。这与上述主要影响因子分析结果一致。

6.3.3 第二层土壤碱解氮的空间分布与特征分析

对土壤养分AN指标D2土壤层ANN模型输入候选参数进行筛选，结果如表6.17，获得的最优组合为6参数组合，包括TPI、STF、PSR、Slope、FL和DTW。模型输入参数类型显示，参数由1个增加至5个时，5参数组合包含1参数至4参数组合中的全部参数，之后继续增加DTW构成6参数组合。模型评价指标显示，参数由1个增加至6个时，RMSE逐渐降低，R^2逐渐提高，均达到除9参数组合之外的最优水平，分别为431.21 mg/kg和0.89；此时的ROA±10%与ROA±20%达到稳定状态，分别为89%与93%，仅分别比8参数组合的最大值低3%和1%，并且均与7参数组合表现一致；ROA±5%也达到75%的较高水平，仅低于7参数和8参数组合。因此，选择6参数组合为预测D2土层AN模型的最优组合。

表6.17　AN D2土层ANN模型输入最优组合

参数个数	RMSE (mg/kg)	R^2	ROA ±5%	ROA ±10%	ROA ±20%	最优输入组合
1	1423.29	0.55	43%	77%	80%	TPI
2	1299.61	0.61	42%	77%	80%	TPI, STF
3	1105.21	0.72	57%	80%	90%	TPI, STF, FL
4	699.66	0.81	58%	84%	88%	TPI, STF, PSR, Slope

续表

参数个数	RMSE (mg/kg)	R^2	ROA ±5%	ROA ±10%	ROA ±20%	最优输入组合
5	528.35	0.86	65%	87%	93%	TPI, STF, PSR, Slope, FL
6	431.21	0.89	75%	89%	93%	TPI, STF, PSR, Slope, FL, DTW
7	479.85	0.89	76%	89%	93%	TPI, PSR, Slope, FL, DTW, SDR, Aspect
8	547.67	0.87	84%	92%	94%	TPI, PSR, Slope, FL, DTW, SDR, Aspect, FD
9	396.75	0.90	71%	87%	91%	TPI, PSR, Slope, FL, DTW, SDR, Aspect, FD,STF

在所有最优输入组合中，TPI 能够直接解释 D2 层 AN 含量变化的 55%，加入 STF 则增加到 61%，继续加入 FL 对 AN 变化的解释率达到 72%，而且 TPI 在 9 个参数最优组合中全部出现，STF 和 FL 分别出现 5 次和 6 次。由此，TPI 对 D2 层土壤养分 AN 的预测能力相对较强，STF 和 FL 次之。

用筛选获得的最优 ANN 预测模型生产 D2 土壤层 AN 的空间分布图，并依据全国第二次土壤普查推荐的土壤养分 AN 分级标准，对预测结果由高到低依次进行区间划分为 I 级、II 级、III 级、IV 级、V 级和 VI 级，如图 6.12。D2 土壤层 AN 含量与 D3 土壤层相当，低于 D1 土壤层且高于 D4 和 D5 土壤层，预测的平均值为 87.16 ± 31.22 mg/kg，空间上主要处于 90~120 mg/kg 及 60~90 mg/kg 的范围内，分别为全国第二次土壤普查规定的 III 级（含量高）和 IV 级（含量中）的水平，且 III 级（含量高）的面积比例小于 IV 级（含量中）的面积比例；在局部区域，分布着 120~150 mg/kg 的 II 级（含量很高）、30~60 mg/kg 的 V 级（含量低）和 30 mg/kg 以下的 VI 级（含量很低）水平。预测值与样点实测值的对比，

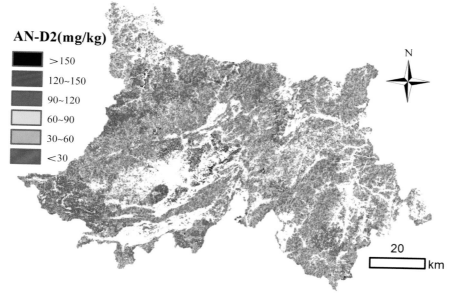

图6.12　D2土壤层AN空间分布预测图

两者的平均值基本接近，其中预测值为 87.16 mg/kg，比实测值 91.64 mg/kg 低 4.48 mg/kg；预测值的标准差为 31.22 mg/kg，比实测值的标准差 44.94 mg/kg 低 13.72 mg/kg。因此预测较合理。

将土壤养分 AN 空间分布预测图与地形水文参数图对比可知，生产获得 D2 土壤层 AN 含量的空间分布变化状况，整体上与输入参数 TPI、STF 和 FL 的空间分布图相似，在 TPI 为上坡位，STF 小，FL 为北、西北和西方向上的地区，AN 含量较高。这与上述主要影响因子分析结果一致。

6.3.4 第三层土壤碱解氮的空间分布与特征分析

对土壤养分 AN 指标 D3 土壤层 ANN 模型输入候选参数进行筛选，如表 6.18，所获得的最优组合为包含 TPI、Slope、Aspect、SDR 和 DTW 的 5 参数组合。参数类型显示，1 参数 TPI 的基础上依次增加 Slope、Aspect 和 FL 构成 2 参数、3 参数和 4 参数组合，随后 SDR 与 DTW 替代 4 参数组合中的 FL 构成 5 参数组合。模型评价指标显示，5 参数组合时，RMSE 和 R^2 均达到除 9 参数组合之外的最佳状态，分别为 584.75 mg/kg 和 0.88；ROA ± 5%、ROA ± 10% 和 ROA ± 20% 也逐渐提高至 70%、86% 和 91%。继续增加 FL 至 6 参数组合时，尽管 ROA 的 3 个指标均有略微提高，但 RMSE 显著增加，由 584.75 mg/kg 增加至 1060.43 mg/kg，接近两倍，R^2 下降 0.07。综合考虑 5 个模型评价指标，选择 5 参数组合为土壤养分 AN 指标 D3 土壤层的最优组合。

表6.18　AN D3土层ANN模型输入最优组合

参数个数	RMSE (g/kg)	R^2	ROA ±5%	ROA ±10%	ROA ±20%	最优输入组合
1	2178.74	0.44	33%	73%	75%	TPI
2	2126.76	0.48	55%	73%	76%	TPI, Slope
3	950.57	0.80	56%	76%	84%	TPI, Slope, Aspect
4	809.00	0.83	59%	79%	86%	TPI, Slope, Aspect, FL
5	584.75	0.88	70%	86%	91%	TPI, Slope, Aspect, SDR, DTW
6	1060.43	0.81	72%	88%	92%	TPI, Slope, Aspect, SDR, DTW, FL
7	724.11	0.86	69%	88%	91%	TPI, Slope, Aspect, SDR, DTW, STF, PSR
8	1049.49	0.78	65%	84%	89%	TPI, Slope, Aspect, SDR, DTW, STF, PSR, FL
9	497.81	0.90	76%	88%	92%	TPI, Slope, Aspect, SDR, DTW, STF, PSR, FL, FD

在所有最优输入组合中，TPI 能够直接解释 D3 层 AN 含量变化的 44%，Slope 和 TPI 的组合对 AN 变化解释率增加到 48%，再加入 Aspect 则增加到 80%，而且 TPI 和 Aspect 在后面的模型输入最优组合中全部出现。由此，TPI 对 D3 层土壤养分 AN 的预测能力相对较强，Aspect 次之。

用筛选获得的最优 ANN 预测模型生产 D3 土壤层 AN 的空间分布图，并依据全国第二次土壤普查推荐的土壤养分 AN 分级标准，对预测结果由高到低依次进行区间划分为Ⅰ级、Ⅱ级、Ⅲ级、Ⅳ级、Ⅴ级和Ⅵ级，如图 6.13。D3 土壤层 AN 含量与 D2 土壤层相当，低于 D1 土壤层且高于 D4 和 D5 土壤层，预测的平均值为 86.83 ± 35.48 mg/kg，空间分布与 D2 土壤层相似，主要处于 90~120 mg/kg 及 60~90 mg/kg 的范围内，分别为全国第二次土壤普查规定的Ⅲ级（含量高）和Ⅳ级（含量中）的水平，且Ⅲ级（含量高）的面积比例小于Ⅳ级（含量中）的面积比例；在局部区域，分布着 120~150 mg/kg 的Ⅱ级（含量很高）、30~60 mg/kg 的Ⅴ级（含量低）和 30 mg/kg 以下的Ⅵ级（含量很低）水平。预测值与样点实测值的对比，两者的平均值基本接近，其中预测值为 86.83 mg/kg，比实测值 90.01 mg/kg 低 3.18 mg/kg；预测值的标准差为 35.48 mg/kg，比实测值的标准差 50.78 mg/kg 低 15.30 mg/kg。因此预测较合理。

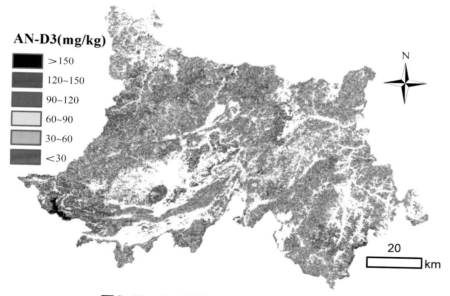

图6.13　D3土壤层AN空间分布预测图

将土壤养分 AN 空间分布预测图与地形水文参数图对比可知，生产获得 D3 土壤层 AN 含量的空间分布变化状况，整体上与输入参数 TPI 和 Aspect 的空间分布图相似，在 TPI 为上坡位，Aspect 在北、西北和西方向的地区，AN 含量较高。这与上述主要影响因子分析结果一致。

6.3.5 第四层土壤碱解氮的空间分布与特征分析

对土壤养分 AN 指标 D4 土壤层 ANN 模型输入候选参数进行筛选，所获得的最优组合为 6 参数组合，如表 6.19，包括 STF、Aspect、SDR、FL、Slope 和 TPI。参数种类显示，1 参数 Slope 的基础上增加 STF 至 2 参数组合，Aspect 和 SDR 替代 2 参数组合中的 STF 构成 3 参数组合，STF 和 FL 继续替代 3 参数组合中的 Slope 构成 4 参数组合，依次增加 Slope 和 TPI 至 5 参数和 6 参数组合。6 参数组合时参数种类达到稳定状态，由 1 参数至 5 参数组合中的全体参数组成。模型评价指标显示，1 参数逐渐增加至 6 参数组合时，RMSE 逐渐降至最低，为 866.52mg/kg，R^2 达到最大值为 0.87，ROA ± 5%、ROA ± 10% 和 ROA ± 20% 分别增加至 60%、81% 和 87%，仅分别比最大值低 3%、1% 和 1%，已基本保持稳定状态。继续增加 DTW 参数至 7 参数组合时，RMSE 和 R^2 分别大幅度提高与降低，ROA 精度没有显著提高。因此，选择 6 参数组合为 AN 指标 D4 土壤层的最优组合。

表6.19　AN D4土层ANN模型输入最优组合

参数个数	RMSE (g/kg)	R^2	ROA ±5%	ROA ±10%	ROA ±20%	最优输入组合
1	2818.18	0.46	39%	71%	72%	Slope
2	2721.43	0.51	41%	69%	73%	Slope, STF
3	1670.10	0.73	48%	71%	79%	Slope, Aspect, SDR
4	1206.61	0.81	58%	76%	85%	STF, Aspect, SDR, FL
5	1413.39	0.78	62%	79%	86%	Slope, STF, Aspect, SDR, FL
6	866.52	0.87	60%	81%	87%	Slope, STF, Aspect, SDR, FL, TPI
7	1260.82	0.82	63%	82%	88%	Slope, STF, Aspect, SDR, FL, TPI, DTW
8	912.20	0.87	62%	82%	87%	Slope, STF, Aspect, SDR, FL, TPI, DTW, FD
9	1105.95	0.83	56%	78%	87%	Slope, STF, Aspect, SDR, FL, TPI, DTW, FD,PSR

在所有最优输入组合中，Slope 能够直接解释 D4 层 AN 含量变化的 46%，Slope 和 STF 的组合对 AN 变化解释率增加到 51%，在 Slope 的基础上增加 Aspect 和 SDR 对 AN 变化解释率由 46% 增加至 73%，而且 Slope 出现在除 4 参数组合外的其他组合中，Aspect 和 SDR 在 3 参数至 9 参数模型输入最优组合中全部出现。由此，Slope 对 D4 层土壤养分 AN 的预测能力相对较强，Aspect 和 SDR 次之。

用筛选获得的最优 ANN 预测模型生产 D4 土壤层 AN 的空间分布图，并依据全国第二次土壤普查推荐的土壤养分 AN 分级标准，对预测结果由高到低依次进行区间划分为 Ⅰ 级、Ⅱ 级、Ⅲ 级、Ⅳ 级、Ⅴ 级和 Ⅵ 级，如彩图 24。D4 土壤层 AN 含量低于 D1~D3 土壤层且略微高于 D5 土壤层，预测的平均值为 83.49 ± 38.26 mg/kg，空间上主要处于 90~120 mg/kg、60~90 mg/kg 和 30~60 mg/kg 的范围内，分别为全国第二次土壤普查规定的Ⅲ级（含量高）、Ⅳ级（含量中）和Ⅴ级（含量低）的水平；在局部区域，分布着 120~150 mg/kg 的Ⅱ级（含量很高）和 30mg/kg 以下的Ⅵ级（含量很低）水平。预测值与样点实测值的对比，两者的平均值基本接近，其中预测值为 83.49 mg/kg，比实测值 85.63 mg/kg 低 2.14 mg/kg；预测值的标准差为 38.26 mg/kg，比实测值的标准差 59.37 mg/kg 低 21.11 mg/kg。因此预测较合理。

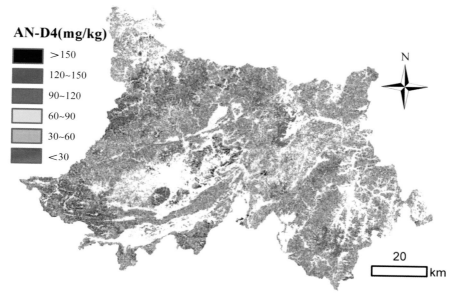

图6.14　D4土壤层AN空间分布预测图

将土壤养分 AN 空间分布预测图与地形水文参数图对比可知，生产获得 D4 土壤层 AN 含量的空间分布变化状况，整体上与输入参数 Slope、Aspect 和 SDR 的空间分布图相似，在 Slope 大、SDR 小，Aspect 为北、西北和西方向的地区，AN 含量较高。这与上述主要影响因子分析结果一致。

6.3.6 第五层土壤碱解氮的空间分布与特征分析

对土壤养分 AN 指标 D5 土壤层 ANN 模型输入候选参数进行筛选，所获得的最优组合如表 6.20，为 6 参数组合，包括 Slope、PSR、FL、TPI、Aspect 和 FD。参数种类显示，1 参数 Slope 和 2 参数组合叠加组成 3 参数组合，后依次增加 FL、Aspect 和 FD 构成 4 参数、5 参数和 6 参数组合。模型评价指标显示，参数由 1 个逐渐增加至 6 个时，RMSE 和 R^2 的变化趋势不稳定，6 参数组合时均达到相对较优的水平，分别为 769.93 mg/kg 和 0.88；ROA 的 3 个指标变化稳定，ROA ± 5%、ROA ± 10% 和 ROA ± 20% 分别逐渐提高至 71%、81% 和 88%。继续增加 1 个参数至 7 参数组合时，RMSE 显著增大至 909.26 mg/kg，R^2、

ROA ± 5% 和 ROA ± 20% 开始降低，分别降低 0.04、3% 和 2%，ROA ± 10% 保持稳定水平，仅略微提高 1%。因此，选择 6 参数组合为 AN 指标 D5 土壤层的最优组合。

表6.20　AN D5土层ANN模型输入最优组合

参数个数	RMSE (g/kg)	R^2	ROA ±5%	ROA ±10%	ROA ±20%	最优输入组合
1	3486.34	0.46	45%	69%	71%	Slope
2	3020.31	0.45	51%	70%	72%	PSR, TPI
3	885.98	0.84	55%	74%	82%	Slope, PSR, TPI
4	615.92	0.89	60%	75%	85%	Slope, PSR, FL, TPI
5	942.20	0.84	61%	81%	86%	Slope, PSR, FL, TPI, Aspect
6	769.93	0.88	71%	81%	88%	Slope, PSR, FL, TPI, Aspect, FD
7	909.26	0.84	68%	82%	86%	Slope, PSR, FL, TPI, Aspect, STF, SDR
8	529.01	0.91	70%	85%	89%	Slope, PSR, FL, TPI, Aspect, STF, SDR, DTW
9	1096.99	0.82	66%	82%	87%	Slope, PSR, FL, TPI, Aspect, STF, SDR, DTW,FD

在所有最优输入组合中，Slope 能够直接解释 D5 层 AN 含量变化的 46%，加入 PSR 和 FL 则增加到 84%，而且 Slope 出现在除 2 参数组合外的其他组合中，PSR 和 FL 在 3 参数至 9 参数模型输入最优组合中全部出现。由此，Slope 对 D5 层土壤养分 AN 的预测能力相对较强，PSR 和 FL 次之。

用筛选获得的最优 ANN 预测模型生产 D5 土壤层 AN 的空间分布图，并依据全国第二次土壤普查推荐的土壤养分 AN 分级标准，对预测结果由高到低依次进行区间划分为 Ⅰ 级、Ⅱ 级、Ⅲ 级、Ⅳ 级、Ⅴ 级和Ⅵ级，如图 6.15。D5 土壤层 AN 含量低于 D1~D3 土壤层且略微低于 D4 土壤层，预测的平均值为 80.71 ± 42.10 mg/kg，空间分布与 D4 土壤层相似，主要处于 90~120 mg/kg、60~90 mg/kg 和 30~60 mg/kg 的范围内，分别为全国第二次土壤普查规定的Ⅲ级（含量高）、Ⅳ级（含量中）和Ⅴ级（含量低）的水平；在局部区域，分布着 120~150 mg/kg 的Ⅱ级（含量很高）和 30 mg/kg 以下的Ⅵ级（含量很低）水平。预测值与样点实测值的对比，两者的平均值基本接近，其中预测值为 80.71 mg/kg，比实测值 81.31 mg/kg 低 0.60 mg/kg；预测值的标准差为 42.10 mg/kg，比实测值的标准差 55.18 mg/kg 低 13.08 mg/kg。因此预测较合理。

将土壤养分 AN 空间分布预测图与地形水文参数图对比可知，生产获得 D5 土壤层 AN 含量的空间分布变化状况，整体上与输入参数 Slope、PSR 和 FL 的空间分布图相似，在 Slope、PSR 和 FL 小的地区，AN 含量较高。这与上述主要影响因子分析结果一致。

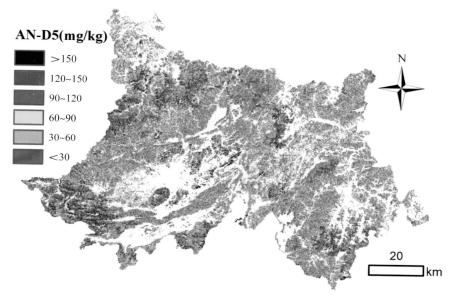

图6.15　D5土壤层AN空间分布预测图

6.3.7 模型独立验证精度

验证精度与建模精度对比分析显示，土壤养分 AN 指标 5 个土壤层中建立的 ANN 模型，在独立验证区域应用时，预测能力有所下降，如表 6.21，具体如下：

表6.21　独立区域AN模型验证精度

土壤层	验证精度					验证精度-建模精度				
	RMSE (g/kg)	R^2	ROA ±5%	ROA ±10%	ROA ±20%	RMSE	R^2	ROA ±5%	ROA ±10%	ROA ±20%
D1	685.2	0.43	47%	59%	63%	35%	−50%	−40%	−36%	−34%
D2	570.3	0.66	44%	55%	68%	32%	−25%	−37%	−38%	−27%
D3	774.3	0.53	40%	56%	61%	32%	−40%	−41%	−34%	−33%
D4	1292.6	0.42	39%	56%	59%	49%	−51%	−35%	−30%	−32%
D5	1155.0	0.66	48%	60%	62%	50%	−25%	−33%	−26%	−29%

AN 预测模型 D1~D5 土壤层的验证精度：RMSE、R^2、ROA ± 5%、ROA ± 10% 和 ROA ± 20% 依次为 570.3~1292.6mg/kg、42%~66%、39%~48%、55%~60% 和 59%~68%，分别比建模精度增加 32%~50%，降低 25%~51%，降低 33%~41%，降低 26%~38% 和降低 27%~34%。其中，验证精度 ROA ± 5% 和 ROA ± 10% 在 D5 土壤层中达到最高，分别

为 48% 和 60%；ROA ± 20%、R^2 和 RMSE 在 D2 土壤层达到最优，分别为 68%、66% 和 570.3 mg/kg。因此，对土壤养分 AN 构建的 D2 和 D5 土壤层预测模型的推广能力大于其他 3 个土壤层。

尽管 5 个土壤层 ANN 模型的预测能力存在一定程度上下降，但整体上 5 个模型评价指标依然显示着较好的预测水平，表明筛选获得土壤养分 AN 的最优 ANN 模型，能够在与本研究区相似的区域推广应用。

6.4 三维土壤全磷分析

6.4.1 土壤全磷样点统计学分析

按全国第二次土壤普查推荐的土壤养分 TP 分级标准，将云浮市 5 个县内土壤剖面各土壤层的 TP 实测值进行统计分析，如表 6.22。TP 含量的平均值，在 D1~D5 土壤层处于 0.27~0.29 g/kg 的范围，均属于 Ⅴ 级（含量低）的水平。TP 含量的最小值，在 D1~D5 土壤层处于 0.006~0.021 g/kg 的范围，均属于 Ⅵ 级（含量很低）的水平。TP 含量的最大值，在 D3 土壤层为 0.98 g/kg，属于 Ⅱ 级（含量很高）的水平，其余土壤层处于 1.01~2.65 g/kg 的范围，属于 Ⅰ 级（含量极高）的水平。TP 含量的标准差，在 D1~D5 土壤层处于 0.14~0.22 g/kg 的范围，其中 D4 土壤层最大，为 0.22 g/kg，表明 D4 土壤层 TP 的空间变异性最大。

表6.22 各土壤层土壤样点TP含量实测数据统计表

土壤层	最小值(g/kg)	最大值(g/kg)	平均值(g/kg)	标准差(g/kg)
D1	0.006	1.94	0.29	0.17
D2	0.017	1.36	0.28	0.15
D3	0.017	0.98	0.27	0.14
D4	0.021	2.65	0.29	0.22
D5	0.006	1.01	0.29	0.15

6.4.2 第一层土壤全磷的空间分布与特征分析

对土壤养分 TP 指标 D1 土壤层的模型输入候选参数进行筛选，获得的最优组合为 6 参数组合，如表 6.23，包括 Slope、FL、SDR、TPI、FD 和 STF。输入参数种类显示，除 TPI 和 FD 代替 4 参数组合中的 PSR 构成 5 参数组合外，其余参数组合均是在上一级组合的基础上直接增加 1 个参数构成，即 1 参数 Slope 的基础上依次增加 FL、SDR 和 PSR 构成 2 参数、3 参数和 4 参数组合，6 参数组合由 5 参数组合增加 STF 构成。模型评价指标显示，6 参数组合时，RMSE 达到最小值 0.007 g/kg；R^2 达到除 9 参数组合之外的最高水平 0.83；ROA 处于最佳稳定状态。当继续增加参数至 7 参数组合时，ROA ± 5% 保持 39% 不变，ROA ± 10% 和 ROA ± 20% 略微提高 2%。尽管输入参数增加至 8 个时，ROA 得到进一步优化，但输入变量增加导致模型本身所产生不确定性影响，使得 RMSE 由 0.007 g/kg 增长至 0.013 g/kg，接近两倍。因此优先选择参数较少的 6 参数组合为预测 D1 土层 TP 模型的最优组合。

表6.23　TP D1土层ANN模型输入最优组合

参数个数	RMSE (g/kg)	R^2	ROA ±5%	ROA ±10%	ROA ±20%	最优输入组合
1	0.017	0.53	27%	42%	56%	Slope
2	0.016	0.59	26%	48%	62%	Slope, FL
3	0.015	0.62	31%	51%	66%	Slope, FL, SDR
4	0.011	0.73	35%	58%	69%	Slope, FL, SDR, PSR
5	0.011	0.73	38%	61%	73%	Slope, FL, SDR, TPI, FD
6	0.007	0.83	39%	63%	75%	Slope, FL, SDR, TPI, FD, STF
7	0.012	0.75	39%	64%	78%	Slope, FL, SDR, TPI, FD, STF, DTW
8	0.013	0.76	41%	67%	80%	Slope, FL, SDR, TPI, FD, STF, DTW, Aspect
9	0.007	0.85	41%	61%	74%	Slope, FL, SDR, TPI, FD, STF, DTW, Aspect,PSR

在所有最优输入组合中，Slope 能够直接解释 D1 层 TP 含量变化的 53%，而且 Slope 在模型输入最优组合中全部出现。由此，Slope 对 D1 层土壤养分 TP 的预测能力相对较强。

用筛选获得的最优 ANN 预测模型生产 D1 土壤层 TP 的空间分布图，并依据全国第二次土壤普查推荐的土壤养分 TP 分级标准，对预测结果由高到低依次进行区间划分为Ⅰ级、Ⅱ级、Ⅲ级、Ⅳ级、Ⅴ级和Ⅵ级，如图 6.16。TP 空间分布预测图显示，D1 土壤层 TP 含量与 D2 和 D3 土壤层相当且略低于 D4 和 D5 土壤层，预测的平均值为 0.28 ± 0.11 g/kg，空间分布主要处于 0.4~0.6 g/kg 及 0.2~0.4 g/kg 的范围内，分别为全国第二次土壤普查规定的Ⅳ级（含量中）和Ⅴ级（含量低）水平；在局部区域，分布着 0.6~0.8 g/kg 的Ⅲ级（含量高）和 0.2 g/kg 以下的Ⅵ级（含量很低）水平。预测值与样点实测值的对比，两者的平均值基本接近，其中预测值为 0.28 g/kg，比实测值 0.29 g/kg 低 0.01 g/kg；预测值的标准

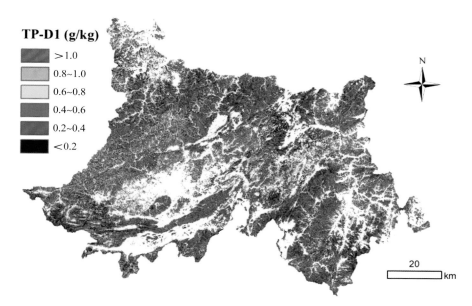

图6.16　D1土壤层TP空间分布预测图

差为 0.11 g/kg，比实测值的标准差 0.17 g/kg 低 0.06 g/kg。因此预测较合理。

　　将 D1 土壤层 TP 的空间分布预测图与 0~20 cm 粗分辨率 TP 图比较，两者空间分布的平均等级基本一致，均处于Ⅳ级（含量中）的水平。同时预测图呈现出比 CTP 更为详细的空间分布变化。将土壤养分 TP 空间分布预测图与地形水文参数图对比可知，生产获得 D1 土壤层 TP 含量的空间分布变化状况，整体上与输入参数 Slope 的空间分布图相似，在 Slope 大的地区，TP 含量较高。这与上述主要影响因子分析结果一致。

6.4.3 第二层土壤全磷的空间分布与特征分析

　　对土壤养分 TP 指标的 D2 土壤层 ANN 模型候选输入变量进行筛选，所获得的最优组合包括 SDR、STF、FL、Aspect、TPI 和 FD 共 6 个参数，如表 6.24，模型输入参数种类显示，1 参数和 2 参数组合共同构成 3 参数组合，STF 和 FD 替代 3 参数组合中的 Slope 构成 4 参数组合，之后 Aspect 和 TPI 替代 4 参数组合中的 FD 构成 5 参数组合，继续增加 FD 形成 6 参数组合。模型评价指标显示，6 参数组合与 5 参数组合相比，RMSE 仅提高了 0.002g/kg，R^2 和 ROA ± 5% 保持稳定，分别仅下降 0.03 和 1%，而 ROA ± 10% 和 ROA ± 20% 得到大幅度提高，分别提高了 5% 和 4%。尽管继续增加参数个数至 7 参数组合时，ROA 指标得到进一步优化，但输入变量的增加对模型不确定性的影响开始逐渐增强，至使 RMSE 迅速增加至 0.027 g/kg，同时 R^2 也大幅度降低了 0.12。因此，选择 6 参数组合为预测 D2 土层 TP 模型的最优组合。

表6.24　TP D2土层ANN模型输入最优组合

参数个数	RMSE (g/kg)	R^2	ROA ±5%	ROA ±10%	ROA ±20%	最优输入组合
1	0.021	0.39	22%	42%	52%	SDR
2	0.015	0.62	25%	48%	63%	Slope, FL
3	0.017	0.59	32%	55%	67%	SDR, Slope, FL
4	0.012	0.73	34%	57%	70%	SDR, STF, FL, FD
5	0.012	0.73	39%	59%	71%	SDR, STF, FL, Aspect, TPI
6	0.014	0.70	38%	64%	75%	SDR, STF, FL, Aspect, TPI, FD
7	0.027	0.58	39%	68%	77%	SDR, STF, FL, Aspect, TPI, FD, DTW
8	0.010	0.70	45%	67%	78%	SDR, STF, FL, Aspect, TPI, FD, DTW, Slope
9	0.012	0.73	35%	57%	73%	SDR, STF, FL, Aspect, TPI, FD, DTW, Slope,PSR

在所有最优输入组合中，SDR能够直接解释D2层TP含量变化的39%，Slope和FL的组合对SOM变化解释率增加到62%，而且SDR出现在除2参数组合外的其他组合中，FL在2参数至9参数模型输入最优组合中全部出现。由此，SDR对D2层土壤养分TP的预测能力相对较强，FL次之。

用筛选获得的最优ANN预测模型生产D2土壤层TP的空间分布图，并依据全国第二次土壤普查推荐的土壤养分TP分级标准，对预测结果由高到低依次进行区间划分为Ⅰ级、Ⅱ级、Ⅲ级、Ⅳ级、Ⅴ级和Ⅵ级，如图6.17。D2土壤层TP含量与D1和D3土壤层相当且略低于D4和D5土壤层，预测的平均值为0.29±0.14 g/kg，空间分布主要处于

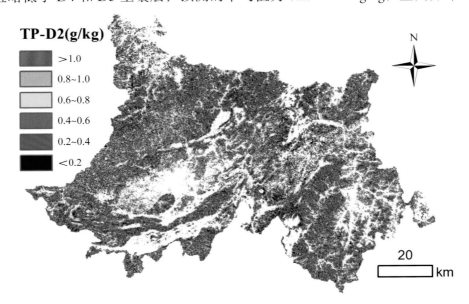

图6.17　D2土壤层TP空间分布预测图

0.4~0.6 g/kg 及 0.2~0.4 g/kg 的范围内，分别为全国第二次土壤普查规定的Ⅳ级（含量中）和Ⅴ级（含量低）水平；在局部区域，分布着 0.6~0.8 g/kg 的Ⅲ级（含量高）水平且所占面积比例大于 D1 土壤层；同时分布着 0.2 g/kg 以下的Ⅵ级（含量很低）水平。预测值与样点实测值的对比，两者的平均值基本接近，其中预测值为 0.29 g/kg，比实测值 0.28 g/kg 高 0.01 g/kg；预测值的标准差为 0.14 g/kg，比实测值的标准差 0.15 g/kg 低 0.01 g/kg。因此预测较合理。

将土壤养分 TP 空间分布预测图与地形水文参数图对比可知，生产获得 D2 土壤层 TP 含量的空间分布变化状况，整体上与输入参数 SDR 和 FL 的空间分布图相似，在 SDR 和 FL 小的地区，TP 含量较高。这与上述主要影响因子分析结果一致。

6.4.4 第三层土壤全磷的空间分布与特征分析

对土壤养分 TP 指标的 D3 土壤层 ANN 模型输入候选参数进行筛选，如表 6.25，获得的最优组合为 6 参数组合，包括 SDR、Slope、STF、Aspect、DTW 和 PSR。模型输入参数类型显示，1 参数 SDR 的基础上依次增加 Slope 和 FL 构成 2 参数和 3 参数组合，之后 STF 和 FD 代替 3 参数组合中的 FL 构成 4 参数组合，继续增加 Aspect 至 5 参数组合，DTW 和 PSR 替代 5 参数组合中的 FD 构成 6 参数组合。模型评价指标显示，参数由 1 个增加至 6 个时，5 个模型评价指标均逐渐得到优化。继续增加参数至 7 参数组合时，RMSE 开始增加，R^2 降低 0.01，ROA ± 5%、ROA ± 10% 和 ROA ± 20% 分别增加 2%、2% 和 1%，处于稳定状态。考虑到输入参数增加对模型预测能力产生的不利影响，兼顾 7 参数组合的 ROA 水平没有显著提高，选择 6 参数组合为预测 D3 土层 TP 模型的最优组合。

表6.25　TP D3土层ANN模型输入最优组合

参数个数	RMSE (g/kg)	R^2	ROA ±5%	ROA ±10%	ROA ±20%	最优输入组合
1	0.016	0.48	19%	39%	51%	SDR
2	0.013	0.62	25%	51%	65%	SDR, Slope
3	0.011	0.67	28%	53%	67%	SDR, Slope, FL
4	0.009	0.75	35%	59%	71%	SDR, Slope, STF, FD
5	0.008	0.79	43%	65%	76%	SDR, Slope, STF, FD, Aspect
6	0.007	0.82	43%	67%	81%	SDR, Slope, STF, Aspect, DTW, PSR
7	0.008	0.81	45%	69%	82%	SDR, Slope, Aspect, DTW, PSR, FD, TPI
8	0.006	0.82	46%	69%	79%	SDR, Slope, STF, Aspect, DTW, PSR, FD, TPI
9	0.006	0.86	54%	74%	83%	SDR, Slope, STF, Aspect, DTW, PSR, FD,TPI,FD

在所有最优输入组合中，SDR能够直接解释D3层TP含量变化的48%，加入Slope则增加到62%，而且Slope和SDR在后面的模型输入最优组合中全部出现。由此，SDR对D3层土壤养分AN的预测能力相对较强，Slope次之。

用筛选获得的最优ANN预测模型生产D3土壤层TP的空间分布图，并依据全国第二次土壤普查推荐的土壤养分TP分级标准，对预测结果由高到低依次进行区间划分为Ⅰ级、Ⅱ级、Ⅲ级、Ⅳ级、Ⅴ级和Ⅵ级，如图6.18。D3土壤层TP含量与D1和D2土壤层相当且略低于D4和D5土壤层，预测的平均值为0.28±0.13 g/kg，空间分布与D1土壤层相似，空间分布主要处于0.4~0.6 g/kg及0.2~0.4 g/kg的范围内，分别为全国第二次土壤普查规定的Ⅳ级（含量中）和Ⅴ级（含量低）水平；在局部区域，分布着0.6 g/kg–0.8 g/kg的Ⅲ级（含量高）和0.2 g/kg以下的Ⅵ级（含量很低）水平。预测值与样点实测值的对比，两者的平均值基本接近，其中预测值为0.28 g/kg，比实测值0.27 g/kg高0.01 g/kg；预测值的标准差为0.13 g/kg，比实测值的标准差0.14 g/kg低0.01 g/kg。因此预测较合理。

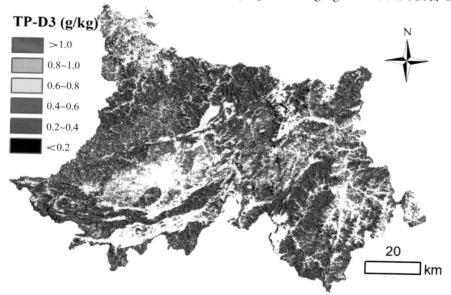

图6.18　D3土壤层TP空间分布预测图

将土壤养分TP空间分布预测图与地形水文参数图对比可知，生产获得D3土壤层TP含量的空间分布变化状况，整体上与输入参数SDR和Slope的空间分布图相似，在SDR小和Slope大的地区，TP含量较高。这与上述主要影响因子分析结果一致。

6.4.5 第四层土壤全磷的空间分布与特征分析

对土壤养分TP指标D4土壤层ANN模型输入候选参数进行筛选，如表6.26，获得的最优组合为6参数组合，包括STF、FL、SDR、PSR、TPI和FD。模型输入参数类型显示，1 参数 STF 的基础上逐渐增加 Slope、FL 和 SDR 形成 2 参数、3 参数和 4 参数组合，之后 Slope 被 PSR 和 TPI 替代，形成 5 参数组合，继续增加 FD 至 6 参数组合。模型评价指标显示，由 1 参数增加至 6 参数组合时，ROA ± 5%、ROA ± 10% 和 ROA ± 20% 逐渐提高，分别达到 51%、72% 和 83% 的水平；RMSE 和 R^2 不稳定，表现为提高、降低随机变化，属于正常变化浮动，6 参数组合时分别达到 0.030 g/kg 和 0.76。当模型输入参数继续增加至 7 参数组合时，5 个模型评价指标一致显示，模型的预测能力开始下降。因此，选择 6 参数组合为预测 D4 土层 TP 模型的最优组合。

表6.26 TP D4土层ANN模型输入最优组合

参数个数	RMSE (g/kg)	R^2	ROA ±5%	ROA ±10%	ROA ±20%	最优输入组合
1	0.030	0.63	22%	43%	54%	STF
2	0.036	0.53	27%	48%	57%	STF, Slope
3	0.024	0.72	31%	51%	66%	STF, Slope, FL
4	0.046	0.42	35%	54%	68%	STF, Slope, FL, SDR
5	0.022	0.74	34%	60%	70%	STF, FL, SDR, PSR, TPI
6	0.030	0.76	51%	72%	83%	STF, FL, SDR, PSR, TPI, FD
7	0.032	0.60	47%	65%	77%	STF, Slope, FL, SDR, PSR, Aspect, DTW
8	0.028	0.69	52%	70%	85%	STF, Slope, FL, SDR, PSR, Aspect, DTW, TPI
9	0.024	0.80	49%	68%	78%	STF, Slope, FL, SDR, PSR, Aspect, DTW, TPI, FD

在所有最优输入组合中，STF 能够直接解释 D4 层 TP 含量变化的 63%，加入 Slope 对 TP 变化解释率降低到 53%，再加入 FL 则增加到 72%，而且 STF 和 FL 在后面的模型输入最优组合中全部出现。由此，STF 对 D4 层土壤养分 TP 的预测能力相对较强，FL 次之。

用筛选获得的最优 ANN 预测模型生产 D4 土壤层 TP 的空间分布图，并依据全国第二次土壤普查推荐的土壤养分 TP 分级标准，对预测结果由高到低依次进行区间划分为 I 级、Ⅱ级、Ⅲ级、Ⅳ级、Ⅴ级和Ⅵ级，如图 6.19。D4 土壤层 TP 含量略高于 D1~D3 土壤层且略低于 D5 土壤层，预测平均值为 0.30 ± 0.13 g/kg，空间分布主要处于 0.6~0.8 g/kg、0.4~0.6 g/kg 及 0.2~0.4 g/kg 的范围内，分别为全国第二次土壤普查规定的Ⅲ级（含量高）、Ⅳ级（含量中）和Ⅴ级（含量低）水平；在局部区域，分布着 0.2 g/kg 以下的Ⅵ级（含量很低）水平。预测值与样点实测值的对比，两者的平均值基本接近，其中预测值为 0.30 g/kg，比实测值 0.29 g/kg 高 0.01 g/kg；预测值的标准差为 0.13 g/kg，比实测值的标准差 1.22 g/kg 低 0.91 g/kg。因此预测较合理。

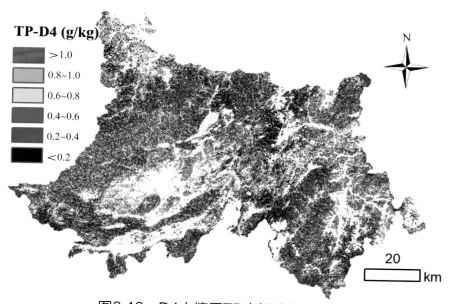

图6.19　D4土壤层TP空间分布预测图

将土壤养分 TP 空间分布预测图与地形水文参数图对比可知，生产获得 D4 土壤层 TP 含量的空间分布变化状况，整体上与输入参数 STF 和 FL 的空间分布图相似，在 STF 和 FL 小的地区，TP 含量较高。这与上述主要影响因子分析结果一致。

6.4.6 第五层土壤全磷的空间分布与特征分析

对土壤养分 TP 指标 D5 土壤层 ANN 模型输入候选参数进行筛选，获得的最优组合为 7 参数组合，包括 SDR、Aspect、TPI、Slope、PSR、STF 和 DTW，如表 6.27。模型输入参数类型显示，该组合是在 1 参数 SDR 的基础上依次增加 Aspect、FL、TPI、Slope 和 PSR 至 6 参数组合，之后 6 参数组合中的 FL 被 STF 和 DTW 替代构成 7 参数组合。模型评价指标显示，参数由 1 个增加至 7 个时，ROA ± 20% 逐渐提高，达到 81%，仅比 8 参数时的最大值 82% 小 1%，其余 4 个评价指标 RMSE、R^2、ROA ± 5% 和 ROA ± 10% 均一致达到最高水平，分别为 0.006g/kg、0.86、53% 和 71%。4 参数组合时 RMSE 与 R^2 出现的略微下降属于正常范围。因此，选择 7 参数组合为预测 D5 土层 TP 模型的最优组合。

表6.27　TP D5土层ANN模型输入最优组合

参数个数	RMSE (g/kg)	R^2	ROA ±5%	ROA ±10%	ROA ±20%	最优输入组合
1	0.018	0.39	20%	40%	51%	SDR
2	0.013	0.64	25%	47%	63%	SDR, Aspect

参数个数	RMSE (g/kg)	R^2	ROA ±5%	ROA ±10%	ROA ±20%	最优输入组合
3	0.010	0.74	29%	53%	70%	SDR, Aspect, FL
4	0.015	0.66	39%	59%	70%	SDR, Aspect, FL, TPI
5	0.009	0.76	39%	64%	76%	SDR, Aspect, FL, TPI, Slope
6	0.006	0.84	41%	66%	77%	SDR, Aspect, FL, TPI, Slope, PSR
7	0.006	0.86	53%	71%	81%	SDR, Aspect, TPI, Slope, PSR, STF, DTW
8	0.012	0.75	48%	70%	82%	SDR, Aspect, TPI, Slope, PSR, STF, DTW, FD
9	0.007	0.83	35%	61%	74%	SDR, Aspect, TPI, Slope, PSR, STF, DTW, FD, FL

在所有最优输入组合中，SDR 能够直接解释 D5 层 TP 含量变化的 39%，加入 Aspect 则增加到 64%，而且 SDR 和 Aspect 在后面的模型输入最优组合中全部出现。由此，SDR 对 D5 层土壤养分 AN 的预测能力相对较强，Aspect 次之。

用筛选获得的最优 ANN 预测模型生产 D5 土壤层 TP 的空间分布图，并依据全国第二次土壤普查推荐的土壤养分 TP 分级标准，对预测结果由高到低依次进行区间划分为Ⅰ级、Ⅱ级、Ⅲ级、Ⅳ级、Ⅴ级和Ⅵ级，如图 6.20。D5 土壤层 TP 含量略高于 D1~D4 土壤层，预测平均值为 0.31 ± 0.14 g/kg，空间分布主要处于 0.6~0.8 g/kg 和 0.4~0.6 g/kg 的范围内，分别为全国第二次土壤普查规定的Ⅲ级（含量高）和Ⅳ级（含量中）水平；在局部区域，分布着 0.2~0.4 g/kg 的Ⅴ级（含量低）水平。预测值与样点实测值的对比，两者的平均值基本接近，其中预测值为 0.31 g/kg，比实测值 0.29 g/kg 高 0.02 g/kg；预测值的标准差为 0.14 g/kg，比实测值的标准差 0.15 g/kg 低 0.01 g/kg。因此预测较合理。

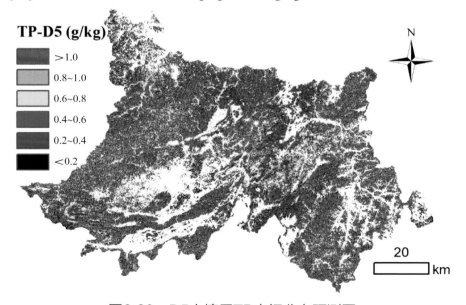

图6.20 D5土壤层TP空间分布预测图

将土壤养分 TP 空间分布预测图与地形水文参数图对比可知，生产获得 D5 土壤层 TP 含量的空间分布变化状况，整体上与输入参数 SDR 和 Aspect 的空间分布图相似，在 SDR 小，Aspect 为北、西北和西方向上的地区，TP 含量较高。这与上述主要影响因子分析结果一致。

6.4.7 模型独立验证精度

验证精度与建模精度对比分析显示，土壤养分 TP 指标 5 个土壤层中建立的 ANN 模型，在独立验证区域应用时，预测能力有所下降，如表 6.28，具体如下：

表6.28 独立区域TP模型验证精度

土壤层	验证精度					验证精度-建模精度				
	RMSE (g/kg)	R^2	ROA ±5%	ROA ±10%	ROA ±20%	RMSE	R^2	ROA ±5%	ROA ±10%	ROA ±20%
D1	0.009	0.48	0.23%	0.40%	0.45%	32%	−42%	−40%	−36%	−39%
D2	0.021	0.50	0.27%	0.46%	0.54%	47%	−28%	−29%	−29%	−28%
D3	0.010	0.55	0.30%	0.37%	0.50%	38%	−33%	−30%	−45%	−39%
D4	0.045	0.43	0.32%	0.41%	0.51%	52%	−37%	−37%	−43%	−38%
D5	0.009	0.51	0.33%	0.47%	0.50%	50%	−40%	−38%	−34%	−38%

TP 预测模型 D1~D5 土壤层中的验证精度：RMSE、R^2、ROA ± 5%、ROA ± 10% 和 ROA ± 20% 依次为 0.009~0.045 g/kg、43%~55%、23%~33%、37%~47% 和 45%~54%，分别比建模精度增加 32%~52%，降低 28%~42%，降低 29%~40%，降低 29%~45% 和降低 28%~39%。其中，验证精度 ROA ± 5% 和 ROA ± 10% 在 D5 土壤层最高，分别为 33% 和 47%；ROA ± 20% 在 D2 土壤层达到最高，为 54%；R^2 在 D3 土壤层最高为 0.55；RMSE 在 D1 和 D5 土壤层相等且达到最优，为 0.009 g/kg。因此，对 TP 构建 D1~D5 土壤层预测模型的推广能力在不同评价指标中的表现有所差异。

尽管 5 个土壤层 ANN 模型的预测能力存在一定程度上下降，但整体上 5 个模型评价指标依然显示着较好的预测水平，表明筛选获得土壤养分 TP 的最优 ANN 模型，能够在与本研究区相似的区域推广应用。

6.5 三维土壤速效磷分析

6.5.1 土壤速效磷样点统计学分析

按全国第二次土壤普查推荐的土壤养分 AP 分级标准,将云浮市 5 个县内土壤剖面各土壤层的 AP 实测值进行统计分析,如表 6.29。AP 含量的平均值,在 D1~D5 土壤层处于 0.51~1.15 mg/kg 的范围,属于Ⅵ级(含量很低)的水平。AP 含量的最小值,在 D1~D5 土壤层处于 0.006~0.011 mg/kg 的范围,属于Ⅵ级(含量很低)的水平。AP 含量的最大值,在 D1 土壤层为 25.72 mg/kg,属于Ⅱ级(含量很高)的水平,D2 土壤层为 15.44 mg/kg,属于Ⅲ级(含量高)的水平,D3~D4 土壤层处于 5.64~6.32 mg/kg 的范围,属于Ⅳ级(含量中)的水平,D5 土壤层为 4.46 mg/kg,属于Ⅴ级(含量低)的水平。AP 含量的标准差,在 D1~D5 土壤层处于 0.62~1.79 mg/kg 的范围,其中 D1 土壤层最大,为 1.79 mg/kg,表明 D1 土壤层 AP 的空间变异性最大。

表6.29 各土壤层土壤样点AP含量实测数据统计表

土壤层	最小值(mg/kg)	最大值(mg/kg)	平均值(mg/kg)	标准差(mg/kg)
D1	0.006	25.72	1.15	1.79
D2	0.006	15.44	0.73	1.07
D3	0.011	6.32	0.62	0.71
D4	0.006	5.64	0.56	0.66
D5	0.006	4.46	0.51	0.62

6.5.2 第一层土壤速效磷的空间分布与特征分析

对土壤养分 AP 指标 ANN 模型输入候选参数进行筛选,所获得的最优组合如表 6.30,为 7 参数组合,包括 DTW、PSR、Aspect、Slope、TPI、SDR 和 FL。参数组合类型显示,1 参数和 2 参数组合叠加构成 3 参数组合,后依次增加 Slope 和 Aspect 分别构成 4 参数和 5 参数组合。6 参数组合是将 5 参数组合中的 Slope 替换为 SDR 和 STF 构成的。将 6 参数组合中的 STF 继续替换为 Slope 和 FL 形成 7 参数组合。模型评价指标显示,随参数个数逐渐增加,RMSE、R^2 和 ROA ± 5% 的变化趋势不稳定,但 7 参数组合时均达到最优值,分别为 0.89 mg/kg、0.85 和 26%。ROA ± 10% 与 ROA ± 20% 基本呈现逐渐增长趋势,且 7 参数组合时同样到最大值,分别为 44% 和 53%。因此,选择 7 参数组合为 AP 指标 D1 土壤层的最优组合。

表6.30　AP D1土层ANN模型输入最优组合

参数个数	RMSE (mg/kg)	R^2	ROA ±5%	ROA ±10%	ROA ±20%	最优输入组合
1	2.65	0.52	13%	25%	33%	TPI
2	1.39	0.76	17%	29%	35%	DTW, PSR
3	1.10	0.81	15%	29%	36%	TPI, DTW, PSR
4	1.38	0.76	16%	33%	44%	TPI, DTW, PSR, Slope
5	1.87	0.68	18%	34%	43%	TPI, DTW, PSR, Aspect, Slope
6	1.25	0.78	26%	42%	51%	TPI, DTW, PSR, Aspect, SDR, STF
7	0.89	0.85	26%	44%	53%	TPI, DTW, PSR, Aspect, Slope, SDR, FL
8	1.19	0.79	25%	41%	53%	TPI, DTW, PSR, Aspect, Slope, SDR, STF, FD
9	1.78	0.69	21%	35%	49%	TPI, DTW, PSR, Aspect, Slope, SDR, STF, FD, FL

在所有最优输入组合中，TPI能够直接解释D1层AP含量变化的52%，DTW和PSR的组合对AP变化解释率增加到76%，TPI、DTW和PSR的组合则增加到81%，而且TPI、DTW和PSR在后面的模型输入最优组合中全部出现。由此，TPI对D1层土壤养分AP的预测能力相对较强，DTW和PSR次之。

用筛选获得的最优ANN预测模型生产D1土壤层AP的空间分布图，并依据全国第二次土壤普查推荐的土壤养分AP分级标准，对预测结果由高到低依次进行区间划分，由高到低依次为Ⅳ级（5~10 mg/kg的区间）、Ⅴ级（4~5 mg/kg和3~4 mg/kg共2个区间）和Ⅵ级（2~3 mg/kg、1~2 mg/kg和<1 mg/kg共3个区间），如图6.21。D1土壤层AP的含量最

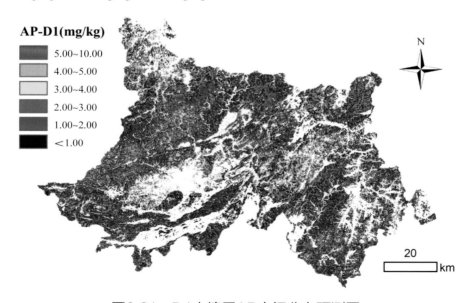

图6.21　D1土壤层AP空间分布预测图

高，预测平均值为 1.36 ± 0.99 mg/kg，空间分布上主要在 2.00~3.00 mg/kg 及 1.00~2.00 mg/kg 的范围内，均为全国第二次土壤普查规定的 Ⅵ 级（含量很低）；在局部区域，分布均匀分布着 3.00~4.00 mg/kg 的 Ⅴ 级（含量低）和 1.00 mg/kg 以下的 Ⅵ 级（含量很低）水平。预测值与样点实测值的对比，两者的平均值基本接近，其中预测值为 1.36 mg/kg，比实测值 1.15 mg/kg 高 0.21 mg/kg；预测值的标准差为 0.99 mg/kg，比实测值的标准差 1.79 mg/kg 低 0.80 mg/kg。因此预测较合理。

将 D1 土壤层 AP 的空间分布预测图与 0~20 cm 粗分辨率 AP 图比较，两者空间分布的平均等级相差不大，其中预测图处于 Ⅴ 级（含量低）和 Ⅵ 级（含量很低）的水平，0~20 cm 粗分辨率 AP 图处于 Ⅳ 级（含量中）、Ⅴ 级（含量低）和 Ⅵ 级（含量很低）的水平。同时预测图呈现出比 CAP 更为详细的空间分布变化。将土壤养分 AP 空间分布预测图与地形水文参数图对比可知，生产获得 D1 土壤层 AP 含量的空间分布变化状况，整体上与输入参数 TPI、DTW 和 PSR 的空间分布图相似，在 TPI 为上坡位，DTW 和 PSR 大的地区，AP 含量较高。这与上述主要影响因子分析结果一致。

6.5.3 第二层土壤速效磷的空间分布与特征分析

对土壤养分 AP 指标 D2 土壤层 ANN 模型输入候选参数进行筛选，所获得的最优组合如表 6.31，为 7 参数组合，包括 Aspect、FD、Slope、DTW、FL、TPI 和 SDR。参数类型显示，1 参数 Aspect 的基础上依次增加 FD、TPI 和 Slope 分别组成 2 参数、3 参数和 4 参数组合，随后 DTW 与 FL 替代 4 参数组合中的 TPI 构成 5 参数组合，TPI 和 SDR 代替 5 参数组合中的 Aspect 形成 6 参数组合，7 参数组合是在 6 参数组合的基础上增加 Aspect 构成的，并且 7 参数组合包含 1 参数至 6 参数组合中的全部参数。模型评价指标显示，7 参数组合时 RMSE 达到最小值，为 0.25 mg/kg；R^2、ROA ± 5%、ROA ± 10% 和 ROA ± 20% 均达到最大值，分别为 0.89、28%、43% 和 54%。5 个模型评价指标一致显示，相较于 6 参数组合，7 参数组合时模型的预测能力得到显著提高。因此，选择 7 参数组合为 AP 指标 D2 土壤层的最优组合。

表6.31　AP D2土层ANN模型输入最优组合

参数个数	RMSE (mg/kg)	R^2	ROA ±5%	ROA ±10%	ROA ±20%	最优输入组合
1	1.05	0.32	15%	26%	34%	Aspect
2	1.10	0.28	15%	26%	35%	FD, Aspect
3	0.97	0.40	17%	29%	36%	FD, Aspect, TPI
4	0.61	0.69	21%	31%	43%	FD, Aspect, TPI, Slope

参数个数	RMSE (mg/kg)	R^2	ROA ±5%	ROA ±10%	ROA ±20%	最优输入组合
5	0.93	0.44	21%	34%	46%	FD, Aspect, Slope, DTW, FL
6	0.40	0.82	23%	38%	48%	FD, Slope, DTW, FL, TPI, SDR
7	0.25	0.89	28%	43%	54%	FD, Aspect, Slope, DTW, FL, TPI, SDR
8	0.72	0.62	20%	35%	46%	FD, Aspect, Slope, PSR, FL, TPI, SDR, STF
9	0.30	0.87	19%	34%	44%	FD, Aspect, Slope, PSR, FL, TPI, SDR, STF,DTW

　　在所有最优输入组合中，Aspect 能够直接解释 D2 层 AP 含量变化的 31%，在 3 参数组合的基础上增加 Slope，对 AP 变化解释率由 39% 增加到 68%，而且 Slope 在后面的模型输入最优组合中全部出现，Aspect 出现在除 6 参数组合外的其他组合中。由此，Aspect 对 D2 层土壤养分 AP 的预测能力相对较强，Slope 次之。

　　用筛选获得的最优 ANN 预测模型生产 D2 土壤层 AP 的空间分布图，并依据全国第二次土壤普查推荐的土壤养分 AP 分级标准，对预测结果由高到低依次进行区间划分，由高到低依次为Ⅳ级（5~10 mg/kg 的区间）、Ⅴ级（4~5 mg/kg 和 3~4 mg/kg 共 2 个区间）和Ⅵ级（2~3 mg/kg、1~2 mg/kg 和 <1 mg/kg 共 3 个区间），如图 6.22。D2 土壤层 AP 的含量低于 D1 土壤层且略高于 D3~D5 土壤层，预测平均值为 0.92 ± 0.47 mg/kg，空间分布上主要在 1.00~2.00 mg/kg 和 1.00 mg/kg 以下的范围内，均为全国第二次土壤普查规定的Ⅵ级（含量很低）水平；在局部区域，分布着 2.00~3.00 mg/kg 的Ⅵ级（含量很低）和 3.00~4.00 mg/kg 以下的Ⅴ级（含量低）水平。预测值与样点实测值的对比，两者的平均值基本接近，其中

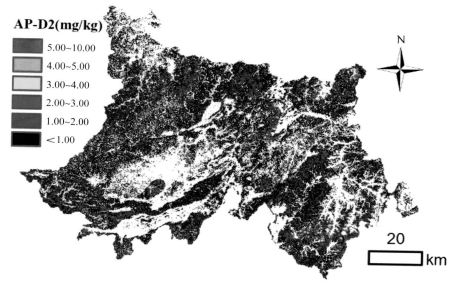

图6.22　D2土壤层AP空间分布预测图

预测值为 0.92 mg/kg，比实测值 0.73 mg/kg 高 0.19 mg/kg；预测值的标准差为 0.47 mg/kg，比实测值的标准差 1.07 mg/kg 低 0.60 mg/kg。因此预测较合理。

将土壤养分 AP 空间分布预测图与地形水文参数图对比可知，生产获得 D2 土壤层 AP 含量的空间分布变化状况，整体上与输入参数 Aspect 和 Slope 的空间分布图相似，在 Aspect 为北、西北和西方向上，Slope 大的地区，AP 含量较高。这与上述主要影响因子分析结果一致。

6.5.4 第三层土壤速效磷的空间分布与特征分析

对土壤养分 AP 指标 D3 土壤层 ANN 模型输入候选参数进行筛选，结果如表 6.32，所获得的最优组合为 6 参数组合，包括 SDR、DTW、Slope、STF、Aspect 和 TPI。参数类型显示，1 参数至 3 参数组合中的全体参数构成 4 参数组合；后 Slope 与 STF 代替 4 参数组合中的 Aspect 构成 5 参数组合，Aspect 与 TPI 替代 5 参数组合中的 FL 构成 6 参数组合。模型评价指标显示，6 参数组合时，ROA ± 5%、ROA ± 10% 和 ROA ± 20% 均达到最大值，为 21%、37% 和 45%；RMSE 和 R^2 均达到除 9 参数组合外的最优值，分别为 0.24 mg/kg 和 0.73。因此，选择 6 参数组合为 AP 指标 D3 土壤层的最优组合。

表6.32　AP D3土层ANN模型输入最优组合

参数个数	RMSE (mg/kg)	R^2	ROA ±5%	ROA ±10%	ROA ±20%	最优输入组合
1	0.43	0.39	10%	23%	30%	FL
2	0.35	0.57	12%	24%	31%	FL, Aspect
3	0.37	0.54	14%	25%	34%	FL, SDR, DTW
4	0.34	0.58	16%	29%	39%	FL, SDR, DTW, Aspect
5	0.27	0.68	15%	32%	41%	FL, SDR, DTW, Slope, STF
6	0.24	0.73	21%	37%	45%	SDR, DTW, Slope, STF, Aspect, TPI
7	0.28	0.69	21%	34%	41%	FL, SDR, DTW, Slope, STF, Aspect, FD
8	0.34	0.63	19%	31%	43%	FL, SDR, DTW, Slope, STF, Aspect, TPI, PSR
9	0.21	0.77	21%	34%	44%	FL, SDR, DTW, Slope, STF, Aspect, TPI, PSR,FD

在所有最优输入组合中，FL 能够直接解释 D3 层 AP 含量变化的 39%，加入 Aspect 则增加到 57%，而且 FL 出现在除 6 参数组合外的其他组合中，Aspect 出现在除 3 参数和 5 参数组合外的其他组合中。由此，FL 对 D3 层土壤养分 AP 的预测能力相对较强，Aspect 次之。

用筛选获得的最优 ANN 预测模型生产 D3 土壤层 AP 的空间分布图，并依据全国第二次土壤普查推荐的土壤养分 AP 分级标准，对预测结果由高到低依次进行区间划分，由高到低依次为Ⅳ级（5~10 mg/kg 的区间）、Ⅴ级（4~5 mg/kg 和 3~4 mg/kg 共 2 个区间）和Ⅵ级（2~3 mg/kg、1~2 mg/kg 和 <1 mg/kg 共 3 个区间），如图 6.23。D3 土壤层 AP 的含量低于 D1 和 D2 土壤层且略高于 D4 和 D5 土壤层，预测平均值为 0.88 ± 0.50 mg/kg，空间分布与 D2 土壤层相似，主要在 1.00~2.00 mg/kg 和 1.00 mg/kg 以下的范围内，均为全国第二次土壤普查规定的Ⅵ级（含量很低）水平；在局部区域，分布着 2.00~3.00 mg/kg 的Ⅵ级（含量很低）和 3.00~4.00 mg/kg 以下的Ⅴ级（含量低）水平。预测值与样点实测值的对比，两者的平均值基本接近，其中预测值为 0.88 mg/kg，比实测值 0.62 mg/kg 高0.26 mg/kg；预测值的标准差为 0.50 mg/kg，比实测值的标准差 0.71 mg/kg 低 0.21 mg/kg。因此预测较合理。

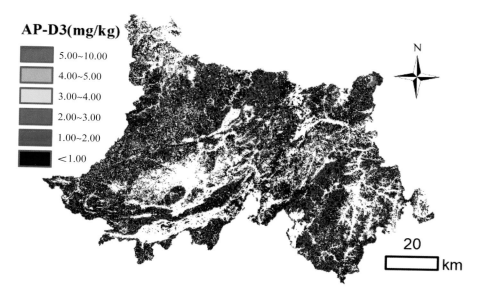

图6.23　D3土壤层AP空间分布预测图

将土壤养分 AP 空间分布预测图与地形水文参数图对比可知，生产获得 D3 土壤层 AP含量的空间分布变化状况，整体上与输入参数 FL 和 Aspect 的空间分布图相似，在 FL 小，Aspect 为北、西北和西方向上的地区，AP 含量较高。这与上述主要影响因子分析结果一致。

6.5.5 第四层土壤速效磷的空间分布与特征分析

对土壤养分 AP 指标 D4 土壤层 ANN 模型输入候选参数进行筛选，所获得的最优组合如表 6.33，为 5 参数组合，包括 Aspect、DTW、STF、FL 和 TPI。在 1 参数 Aspect 的基础上依次增加 DTW 和 FD 至 3 参数组合，STF 和 SDR 共同替代 3 参数组合中的 FD 构成 4 参数组合，4 参数组合中的 SDR 替换为 FL 和 TPI 构成 5 参数组合。模型评价指标显示，5 参数组合时，R^2、ROA ± 10% 和 ROA ± 20% 均达到最大值，分别为 0.80、32% 和 43%；ROA ± 5% 逐渐增加至 17%，仅比最大值 19% 小 2%；RMSE 随参数个数的增加而随机变化，5 参数组合时 RMSE 为 0.23 mg/kg，仅次于 4 参数组合与 8 参数组合的 0.17 mg/kg 与 0.21 mg/kg。因此，选择 5 参数组合为 AP 指标 D4 土壤层的最优组合。

表6.33　AP D4土层ANN模型输入最优组合

参数个数	RMSE (mg/kg)	R^2	ROA ±5%	ROA ±10%	ROA ±20%	最优输入组合
1	0.35	0.44	12%	21%	28%	Aspect
2	0.31	0.55	14%	24%	31%	Aspect, DTW
3	0.36	0.42	14%	25%	33%	Aspect, DTW, FD
4	0.17	0.79	15%	27%	36%	Aspect, DTW, STF, SDR
5	0.23	0.80	17%	32%	43%	Aspect, DTW, STF, FL, TPI
6	0.28	0.67	19%	31%	40%	Aspect, DTW, STF, FL, TPI, PSR
7	0.26	0.65	15%	28%	39%	Aspect, DTW, STF, FL, TPI, Slope, SDR
8	0.21	0.73	18%	29%	39%	Aspect, DTW, STF, FL, TPI, Slope, FD, PSR
9	0.30	0.58	16%	29%	41%	Aspect, DTW, STF, FL, TPI, Slope, FD, PSR,SDR

在所有最优输入组合中，Aspect 能够直接解释 D4 层 AP 含量变化的 44%，加入 DTW 则增加到 55%，而且 Aspect 和 DTW 在后面的模型输入最优组合中全部出现。由此，Aspect 对 D4 层土壤养分 AP 的预测能力相对较强，DTW 次之。

用筛选获得的最优 ANN 预测模型生产 D4 土壤层 AP 的空间分布图，并依据全国第二次土壤普查推荐的土壤养分 AP 分级标准，对预测结果由高到低依次进行区间划分，由高到低依次为Ⅳ级（5~10 mg/kg 的区间）、Ⅴ级（4~5 mg/kg 和 3~4 mg/kg 共 2 个区间）和Ⅵ级（2~3 mg/kg、1~2 mg/kg 和 <1 mg/kg 共 3 个区间），如图 6.24。D4 土壤层 AP 的含量低于 D1~D3 土壤层且略高于 D5 土壤层，预测平均值为 0.79 ± 0.94 mg/kg，空间分布主要在 1.00~2.00 mg/kg 和 1.00 mg/kg 以下的范围内，均为全国第二次土壤普查规定的Ⅵ级（含量很低）水平；在局部区域，分布着 2.00~3.00 mg/kg 和 3.00~4.00 mg/kg 的Ⅵ级（含量很低）和水平Ⅴ级（含量低）水平。预测值与样点实测值的对比，两者的平均值基本接近，其中预测值为 0.79 mg/kg，比实测值 0.56 mg/kg 高 0.23 mg/kg；预测值的标准差为 0.94 mg/kg，比实测值的标准差 0.66 mg/kg 高 0.28 mg/kg。因此预测较合理。

图6.24　D4土壤层AP空间分布预测图

　　将土壤养分 AP 空间分布预测图与地形水文参数图对比可知，生产获得 D4 土壤层 AP 含量的空间分布变化状况，整体上与输入参数 Aspect 和 DTW 的空间分布图相似，在 Aspect 为北、西北和西方向上，DTW 大的地区，AP 含量较高。这与上述主要影响因子分析结果一致。

6.5.6 第五层土壤速效磷的空间分布与特征分析

　　对土壤养分 AP 指标 D5 土壤层 ANN 模型输入候选参数进行筛选，如表 6.34，所获得的最优组合为 5 参数组合，包括 SDR、STF、TPI、FL 和 Slope。参数类型显示，1 参数 SDR 的基础上依次增加 STF 和 DTW 至 3 参数组合，TPI 与 FD 代替 3 参数组合中的 DTW 构成 4 参数组合，随后 FL 和 Slope 代替 4 参数组合中的 FD 构成 5 参数组合。模型精度评价指标显示，RMSE、R^2、ROA ± 5%、ROA ± 10% 和 ROA ± 20% 分别为 0.19 mg/kg、0.72、21%、34% 和 44%，均仅次于最优值；继续增加参数至 6 参数组合时，5 个指标一致显示预测水平开始下降。因此，选择 5 参数组合为 AP 指标 D5 土壤层的最优组合。

表6.34　AP D5土层ANN模型输入最优组合

参数个数	RMSE (mg/kg)	R^2	ROA ±5%	ROA ±10%	ROA ±20%	最优输入组合
1	0.33	0.35	8%	22%	32%	SDR
2	0.32	0.41	13%	24%	31%	SDR, STF
3	0.29	0.50	16%	27%	33%	SDR, STF, DTW
4	0.28	0.57	15%	28%	38%	SDR, STF, TPI, FD

续表

参数个数	RMSE (mg/kg)	R^2	ROA ±5%	ROA ±10%	ROA ±20%	最优输入组合
5	0.19	0.72	21%	34%	44%	SDR, STF, TPI, FL, Slope
6	0.20	0.70	19%	32%	43%	SDR, STF, FL, Slope, PSR, FD
7	0.17	0.76	17%	32%	41%	SDR, STF, FL, Slope, PSR, TPI, DTW
8	0.23	0.72	22%	35%	45%	SDR, STF, FL, Slope, PSR, TPI, DTW, FD
9	0.24	0.62	13%	25%	34%	SDR, STF, FL, Slope, PSR, TPI, DTW, FD, Aspect

在所有最优输入组合中，SDR 能够直接解释 D5 层 AP 含量变化的 35%，加入 STF 则增加到 41%，而且 SDR 和 STF 在后面的模型输入最优组合中全部出现。由此，SDR 对 D5 层土壤养分 AP 的预测能力相对较强，STF 次之。

用筛选获得的最优 ANN 预测模型生产 D5 土壤层 AP 的空间分布图，并依据全国第二次土壤普查推荐的土壤养分 AP 分级标准，对预测结果由高到低依次进行区间划分，由高到低依次为Ⅳ级（5~10 mg/kg 的区间）、Ⅴ级（4~5 mg/kg 和 3~4 mg/kg 共 2 个区间）和Ⅵ级（2~3 mg/kg、1~2 mg/kg 和 <1 mg/kg 共 3 个区间），如图 6.25。D5 土壤层 AP 的含量最低，预测平均值为 0.72 ± 0.43 mg/kg，空间分布主要在 1.00~2.00 mg/kg 和 1.00 mg/kg 以下的范围内，均为全国第二次土壤普查规定的Ⅵ级（含量很低）水平；在局部极小区域，分布着 2.00~3.00 mg/kg 和 3.00~4.00 mg/kg 的Ⅵ级（含量很低）和水平Ⅴ级（含量低）水平。预测值与样点实测值的对比，两者的平均值基本接近，其中预测值为 0.72 mg/kg，比实测值 0.51 mg/kg 高 0.21 mg/kg；预测值的标准差为 0.43 mg/kg，比实测值的标准差 0.62 mg/kg 低 0.19 mg/kg。因此预测较合理。

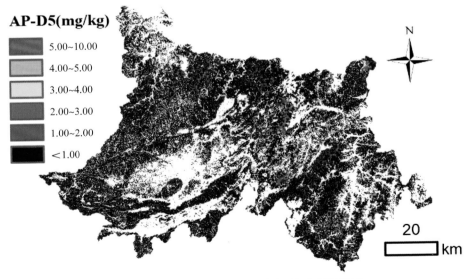

图6.25　D5土壤层AP空间分布预测图

将土壤养分 AP 空间分布预测图与地形水文参数图对比可知，生产获得 D5 土壤层 AP 含量的空间分布变化状况，整体上与输入参数 SDR 和 STF 的空间分布图相似，在 SDR 和 STF 小的地区，AP 含量较高。这与上述主要影响因子分析结果一致。

6.5.7 模型独立验证精度

验证精度与建模精度对比分析显示，土壤养分 AP 指标 5 个土壤层中建立的 ANN 模型，在独立验证区域应用时，预测能力有所下降，如表 6.35，具体如下：

表6.35　独立区域AP模型验证精度

土壤层	验证精度					验证精度-建模精度				
	RMSE (mg/kg)	R^2	ROA ±5%	ROA ±10%	ROA ±20%	RMSE	R^2	ROA ±5%	ROA ±10%	ROA ±20%
D1	1.12	0.47	15%	29%	35%	26%	−44%	−43%	−34%	−34%
D2	0.37	0.42	19%	30%	32%	47%	−53%	−32%	−31%	−40%
D3	0.36	0.50	14%	21%	24%	52%	−32%	−34%	−43%	−46%
D4	0.30	0.37	10%	17%	24%	31%	−50%	−39%	−48%	−45%
D5	0.29	0.54	15%	24%	27%	53%	−25%	−29%	−30%	−39%

AP 预测模型 D1~D5 土壤层的验证精度：RMSE、R^2、ROA ± 5%、ROA ± 10% 和 ROA ± 20% 依次为 0.29~1.12 mg/kg、37%~54%、10%~19%、17%~30% 和 24%~35%，分别比建模精度增加 26%~53%，降低 25%~53%，降低 29%~43%，降低 30%~48% 和降低 34%~46%。其中，验证精度 ROA ± 5% 和 ROA ± 10% 在 D2 土壤层中达到最高，分别为 19% 和 30%；ROA ± 20% 在 D1 土壤层达到最高为 35%，D2 土壤层仅低于 D1 土壤层 3% 达到 32%；R^2 和 RMSE 在 D5 土壤层达到最优，分别为 0.54 和 0.29 mg/kg。整体来看，对土壤养分 AP 构建的 D2 和 D5 土壤层预测模型的推广能力大于其他 3 个土壤层。

尽管 5 个土壤层 ANN 模型的预测能力存在一定程度上下降，但整体上 5 个模型评价指标依然显示着较好的预测水平，表明筛选获得土壤养分 AP 的最优 ANN 模型，能够在与本研究区相似的区域推广应用。

6.6 三维土壤全钾分析

6.6.1 土壤全钾样点统计学分析

按全国第二次土壤普查推荐的土壤养分 TK 分级标准，将云浮市 5 个县内土壤剖面各土壤层的 TK 实测值进行统计分析，如表 6.36。TK 含量的平均值，在 D1~D5 土壤层处于 15.32~16.98 g/kg 的范围，均属于 Ⅲ 级（含量高）的水平。TK 含量的最小值，在 D1~D5 土壤层处于 0.76~1.13 g/kg 的范围，均属于 Ⅵ 级（含量很低）的水平。TK 含量的最大值，在 D1~D5 土壤层处于 41.95~45.85 g/kg 的范围，均属于 Ⅰ 级（含量极高）的水平。TK 含量的标准差，在 D1~D5 土壤层处于 7.35~7.70 g/kg 的范围，其中 D5 土壤层最大，为 7.70 g/kg，表明 D5 土壤层 TK 的空间变异性最大。

表6.36　各土壤层土壤样点TK含量实测数据统计表

土壤层	最小值(g/kg)	最大值(g/kg)	平均值(g/kg)	标准差(g/kg)
D1	0.76	42.86	15.32	7.41
D2	1.13	44.21	15.85	7.35
D3	0.96	45.85	16.58	7.57
D4	0.81	44.71	16.73	7.52
D5	0.82	41.95	16.98	7.70

6.6.2 第一层土壤全钾的空间分布与特征分析

对土壤养分 TK 指标 D1 土壤层 ANN 模型输入候选参数进行筛选，如表 6.37，获得的最优组合为 6 参数组合，包括 Slope、SDR、TPI、PSR、Aspect 和 FD。模型输入参数类型显示，该组合包含 1 参数、2 参数、3 参数和 4 参数组合中的全部参数以及 5 参数组合中的 Slope、SDR、TPI 和 PSR，仅将 5 参数组合中的 FL 替换为 Aspect 和 FD 构成 6 参数组合。模型评价指标显示，参数由 1 个增加至 5 个时，RMSE 逐渐降低，R^2 和 ROA 的 3 个指标逐渐提高。继续增加 1 个参数至 6 参数时，RMSE 和 R^2 有略微变差，但 ROA 却大幅度增加，ROA ± 5%、ROA ± 10% 和 ROA ± 20% 分别增加了 7%、4% 和 3%，各自达到 47%、70% 和 81% 的水平，继续增加模型输入参数至 7 个时，ROA 指标趋于稳定，3 个指标增长幅度均仅为 1%。考虑到模型的应用价值，在 ROA 提高幅度明显时，可适当降低 RMSE 及 R^2 的表现水平。因此，选择 6 参数组合为预测 D1 土层 TK 模型的最优组合。

表6.37　TK D1土层ANN模型输入最优组合

参数个数	RMSE (g/kg)	R^2	ROA ±5%	ROA ±10%	ROA ±20%	最优输入组合
1	37.63	0.56	23%	46%	61%	Slope
2	33.88	0.62	28%	51%	64%	Slope, Aspect
3	29.28	0.69	32%	56%	70%	Slope, SDR, TPI
4	20.86	0.79	37%	64%	77%	Slope, SDR, TPI, Aspect
5	19.11	0.81	40%	66%	78%	Slope, SDR, TPI, PSR, FL,
6	22.98	0.77	47%	70%	81%	Slope, SDR, TPI, PSR, Aspect, FD
7	16.66	0.84	48%	71%	82%	Slope, SDR, TPI, PSR, STF, DTW, FL
8	16.93	0.84	44%	69%	80%	Slope, SDR, TPI, PSR, STF, DTW, FL, FD
9	16.15	0.84	43%	73%	81%	Slope, SDR, TPI, PSR, STF, DTW, FL, FD, Aspect

在所有最优输入组合中，Slope 能够直接解释 D1 层 TK 含量变化的 56%，加入 SDR 和 TPI 对 TK 变化解释率增加到 69%，而且 Slope 和 SDR、TPI 在后面的模型输入最优组合中全部出现。由此，Slope 对 D1 层土壤养分 TK 的预测能力相对较强，SDR 和 TPI 次之。

用筛选获得的最优 ANN 预测模型生产 D1 土壤层 TK 的空间分布图，并依据全国第二次土壤普查推荐的土壤养分 TK 分级标准，对预测结果由高到低依次进行区间划分为 I 级、II 级、III 级、IV 级、V 级和VI级，如图 6.26。D1 土壤层 TK 的含量与 D2 土壤层相当且低于 D3~D5 土壤层，预测平均值分别为 15.92 ± 5.98 g/kg，空间上主要在 15~20 g/kg 及

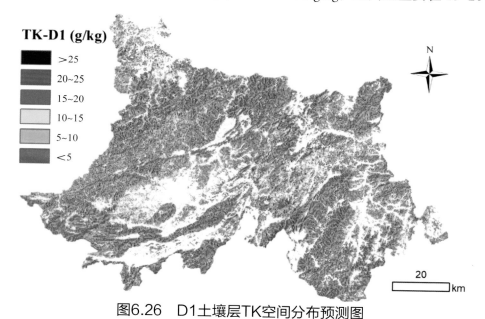

图6.26　D1土壤层TK空间分布预测图

10~15 g/kg 的范围内，分别为全国第二次土壤普查规定的Ⅲ级（含量高）和Ⅳ级（含量中）的水平；在局部区域，均匀分布着 5~10 g/kg 的Ⅴ级（含量低）水平。预测值与样点实测值的对比，两者的平均值基本接近，其中预测值为 15.92 g/kg，比实测值 15.32 g/kg 高 0.60 g/kg；预测值的标准差为 5.98 g/kg，比实测值的标准差 7.41 g/kg 低 1.43 g/kg。因此预测较合理。

将 D1 土壤层 TK 的空间分布预测图与 0~20 cm 粗分辨率 TK 图比较，两者空间分布的平均等级相差不大，其中预测图处于Ⅳ级（含量中）和Ⅲ级（含量高）的水平，0~20 cm 粗分辨率 TK 图处于Ⅳ级（含量中）的水平。同时预测图呈现出比 CAP 更为详细的空间分布变化。将土壤养分 TK 空间分布预测图与地形水文参数图对比可知，生产获得 D1 土壤层 TK 含量的空间分布变化状况，整体上与输入参数 Slope、SDR 和 TPI 的空间分布图相似，在 Slope 大、SDR 小，TPI 为上坡位的地区，TK 含量较高。这与上述主要影响因子分析结果一致。

6.6.3 第二层土壤全钾的空间分布与特征分析

对土壤养分 TK 指标 D2 土壤层 ANN 模型输入候选参数进行筛选，如表 6.38，获得的最优组合为 5 参数组合，包括 SDR、PSR、TPI、STF 和 FD。模型输入参数类型显示，参数由 1 个增加至 4 个时，每一级参数组合均是在上一级参数组合的基础上增加 1 个参数形成的，即在 1 参数 SDR 的基础上依次增加 PSR、Slope 和 TPI 构成 4 参数组合。随后 FD 和 STF 共同取代 4 参数组合中的 Slope 构成 5 参数组合，此时除 ROA ± 5% 仅下降 1% 属于正常范围外，其余指标均得到有效改善，尤其是 RMSE 和 R^2 指标，分别降低至 18.36 g/kg 及提高至 0.82。整体上看，参数由 1 个增加至 5 个时 RMSE 随机变化，5 参数组合时 5 个模型评价指标基本达到稳定且相对较优的状态，RMSE、R^2、ROA ± 5%、ROA ± 10% 和 ROA ± 20% 分别为 18.36 g/kg、0.82、47%、70% 和 80%。继续增加参数至 6 参数组合时，RMSE 开始增加，R^2 开始降低，ROA 的 3 个指标提高范围均控制在 2% 以下，没有显著改善。因此，选择 5 参数组合为预测 D2 土层 TK 模型的最优组合。

表6.38 TK D2土层ANN模型输入最优组合

参数个数	RMSE (g/kg)	R^2	ROA ±5%	ROA ±10%	ROA ±20%	最优输入组合
1	38.32	0.54	24%	47%	61%	SDR
2	31.37	0.65	29%	54%	66%	SDR, PSR
3	25.18	0.73	33%	62%	76%	SDR, PSR, Slope

续表

参数个数	RMSE (g/kg)	R^2	ROA ±5%	ROA ±10%	ROA ±20%	最优输入组合
4	41.77	0.64	48%	66%	79%	SDR, PSR, Slope, TPI
5	18.36	0.82	47%	70%	80%	SDR, PSR, TPI, FD, STF
6	29.81	0.72	49%	72%	81%	SDR, PSR, Slope, TPI, DTW, FL
7	14.41	0.86	46%	69%	83%	SDR, PSR, Slope, TPI, DTW, FL, Aspect
8	13.24	0.87	46%	71%	84%	SDR, PSR, Slope, TPI, DTW, FL, Aspect, STF
9	23.03	0.77	51%	73%	82%	SDR, PSR, Slope, TPI, DTW, FL, Aspect, STF, FD

　　在所有最优输入组合中，SDR 能够直接解释 D2 层 TK 含量变化的 54%，加入 PSR 对 TK 变化解释率增加到 65%，再加入 Slope 则增加到 73%，而且 SDR 和 PSR 在后面的模型输入最优组合中全部出现，Slope 出现在 3 参数、4 参数和 6 参数至 9 参数组合中。由此，SDR 对 D2 层土壤养分 TK 的预测能力相对较强，PSR 和 Slope 次之。

　　用筛选获得的最优 ANN 预测模型生产 D2 土壤层 TK 的空间分布图，并依据全国第二次土壤普查推荐的土壤养分 TK 分级标准，对预测结果由高到低依次进行区间划分为 Ⅰ级、Ⅱ级、Ⅲ级、Ⅳ级、Ⅴ级和Ⅵ级，如图 6.27。D2 土壤层 TK 的含量与 D1 土壤层相当且低于 D3~D5 土壤层，预测平均值分别为 16.18 ± 7.29 g/kg，空间上主要在 15~20 g/kg 及 10~15 g/kg 的范围内，分别为全国第二次土壤普查规定的Ⅲ级（含量高）和Ⅳ级（含量中）的水平；在局部区域，均匀分布着 5~10 g/kg 的Ⅴ级（含量低）和 20~25 g/kg 的Ⅱ级（含量很高）水平。预测值与样点实测值的对比，两者的平均值基本接近，其中预测值为

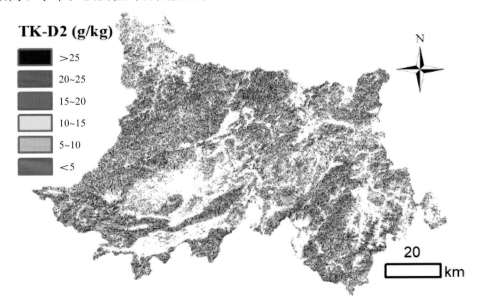

图6.27　D2土壤层TK空间分布预测图

16.18 g/kg，比实测值 15.85 g/kg 高 0.33 g/kg；预测值的标准差为 7.29 g/kg，比实测值的标准差 7.35 g/kg 低 0.06 g/kg。因此预测较合理。

将土壤养分 TK 空间分布预测图与地形水文参数图对比可知，生产获得 D2 土壤层 TK 含量的空间分布变化状况，整体上与输入参数 SDR、PSR 和 Slope 的空间分布图相似，在 SDR 小、PSR 和 Slope 大的地区，TK 含量较高。这与上述主要影响因子分析结果一致。

6.6.4 第三层土壤全钾的空间分布与特征分析

对土壤养分 TK 指标 D3 土壤层 ANN 模型输入候选参数进行筛选，如表 6.39，获得的最优组合为 5 参数组合，包括 Slope、TPI、FL、PSR 和 SDR。模型输入参数类型显示，该组合由 1 参数至 4 参数组合中的全部参数构成。模型评价指标显示，参数由 1 个增加至 5 个，ROA ± 5%、ROA ± 10% 和 ROA ± 20% 分别逐渐提高至 49%、69% 和 81%。R^2 在 3 参数组合时有略微下降，属于正常现象，5 参数组合时显著增加至 0.85。RMSE 变化不稳定，在 5 参数组合时达到较好状态，为 16.20 g/kg，继续增加参数 STF 至 6 参数组合时，RMSE 增加 4.31 g/kg，R^2 降低 0.04，ROA ± 5% 降低了 4%，ROA ± 10% 和 ROA ± 20% 变化 1%，处于稳定状态。因此，选择 5 参数组合为预测 D3 土层 TK 模型的最优组合。

表6.39 TK D3土层ANN模型输入最优组合

参数个数	RMSE (g/kg)	R^2	ROA ±5%	ROA ±10%	ROA ±20%	最优输入组合
1	49.68	0.55	25%	48%	60%	SDR
2	28.59	0.71	30%	55%	71%	Slope, FL
3	53.49	0.65	35%	60%	72%	SDR, TPI, Slope
4	23.78	0.78	44%	68%	81%	Slope, TPI, FL, PSR
5	16.20	0.85	49%	69%	81%	SDR, TPI, Slope, FL, PSR
6	20.51	0.81	45%	70%	80%	SDR, TPI, Slope, FL, PSR, STF
7	22.44	0.79	50%	71%	82%	SDR, TPI, Slope, FL, PSR, STF, DTW
8	14.49	0.87	50%	72%	82%	SDR, TPI, Slope, FL, PSR, STF, DTW, FD
9	15.14	0.86	52%	75%	84%	SDR, TPI, Slope, FL, PSR, STF, DTW, FD, Aspect

在所有最优输入组合中，SDR 能够直接解释 D3 层 TK 含量变化的 55%，Slope 和 FL 的组合对 TK 变化解释率增加到 71%，而且 SDR 在除 2 参数组合外的其他参数组合中均被选中，Slope 在 2 参数至 9 参数的模型输入最优组合中全部出现，FL 在除 3 参数组合外的其他参数组合中均被选中。由此，SDR 对 D3 层土壤养分 TK 的预测能力相对较强，

Slope 和 FL 次之。

用筛选获得的最优 ANN 预测模型生产 D3 土壤层 TK 的空间分布图,并依据全国第二次土壤普查推荐的土壤养分 TK 分级标准,对预测结果由高到低依次进行区间划分为 I 级、II 级、III 级、IV 级、V 级和VI级,如图 6.28。D3 土壤层 TK 的含量与 D5 土壤层相当,高于 D1~D2 土壤层且低于 D4 土壤层,预测平均值分别为 17.69 ± 5.17 g/kg,空间上主要在 15~20 g/kg 及 10~15 g/kg 的范围内,分别为全国第二次土壤普查规定的III级(含量高)和IV级(含量中)的水平;在局部区域,均匀分布着 20~25 g/kg 的 II 级(含量很高)水平。预测值与样点实测值的对比,两者的平均值基本接近,其中预测值为 17.69 g/kg,比实测值 16.59 g/kg 高 1.10 g/kg;预测值的标准差为 5.17 g/kg,比实测值的标准差 7.57 g/kg 低 2.4 g/kg。因此预测较合理。

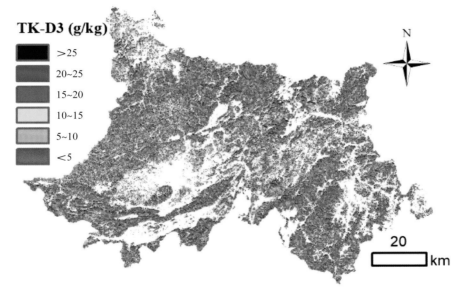

图6.28　D3土壤层TK空间分布预测图

将土壤养分 TK 空间分布预测图与地形水文参数图对比可知,生产获得 D3 土壤层 TK 含量的空间分布变化状况,整体上与输入参数 SDR、Slope 和 FL 的空间分布图相似,在 SDR 和 Slope 大,FL 小的地区,TK 含量较高。这与上述主要影响因子分析结果一致。

6.6.5 第四层土壤全钾的空间分布与特征分析

对土壤养分 TK 指标 D4 土壤层 ANN 模型输入候选参数进行筛选,如表 6.40,获得的最优组合为 5 参数组合,包括 TPI、SDR、FL、Slope 和 PSR。模型输入参数类型显示,该组合包含 1 参数至 4 参数组合中的全部参数,其中参数由 1 个增加至 4 个时,本级参数组合均是在上一级参数组合的基础上先替换掉一个参数后再增加一个参数构成,之后在 4

参数组合的基础上增加 Slope 构成 5 参数组合。模型评价指标显示，5 参数组合时，RMSE 降低至 21.94g/kg，R^2 增加至 0.80，ROA ± 5%、ROA ± 10% 和 ROA ± 20% 分别逐渐提高至 49%、71% 和 82%。继续增加至 6 参数组合时，RMSE 和 R^2 一致显示预测能力开始下降，ROA ± 20% 没有显著提高；尽管 ROA ± 5% 和 ROA ± 10% 均在一定程度上得到优化，但考虑到其他 3 个评价指标表现较差、组合参数种类的稳定性下降以及参数个数增加会导致模型稳定性下降，选择 5 参数组合为预测 D4 土层 TK 指标的最优组合。

表6.40　TK D4土层ANN模型输入最优组合

参数个数	RMSE (g/kg)	R^2	ROA ±5%	ROA ±10%	ROA ±20%	最优输入组合
1	38.59	0.56	29%	49%	63%	SDR
2	39.88	0.55	31%	54%	67%	TPI, FL
3	24.32	0.76	33%	61%	75%	TPI, SDR, Slope
4	26.12	0.75	43%	65%	77%	TPI, SDR, FL, PSR
5	21.94	0.80	49%	71%	82%	TPI, SDR, FL, Slope, PSR
6	25.78	0.77	52%	74%	83%	TPI, SDR, FL, Slope, STF, FD
7	19.13	0.80	50%	77%	85%	TPI, SDR, FL, Slope, PSR, FD, DTW
8	24.75	0.81	55%	72%	87%	TPI, SDR, FL, Slope, PSR, FD, DTW, STF
9	25.27	0.79	47%	73%	83%	TPI, SDR, FL, Slope, PSR, FD, DTW, STF,Aspect

在所有最优输入组合中，SDR 能够直接解释 D4 层 TK 含量变化的 56%，TPI 和 FL 的组合对 TK 变化解释率为 55%，在 SDR 的基础上加入 TPI 和 Slope 对 TK 变化解释率由 56% 增加到 76%，而且 SDR 和 TPI 在后面的模型输入最优组合中全部出现。由此，SDR 对 D4 层土壤养分 TK 的预测能力相对较强，TPI 次之。

用筛选获得的最优 ANN 预测模型生产 D4 土壤层 TK 的空间分布图，并依据全国第二次土壤普查推荐的土壤养分 TK 分级标准，对预测结果由高到低依次进行区间划分为Ⅰ级、Ⅱ级、Ⅲ级、Ⅳ级、Ⅴ级和Ⅵ级，如图 6.29。D4 土壤层 TK 的含量达到最高，预测平均值分别为 18.83 ± 5.74 g/kg，空间分布与 D3 土壤层相似，主要在 15~20 g/kg 及 10~15 g/kg 的范围内，分别为全国第二次土壤普查规定的Ⅲ级（含量高）和Ⅳ级（含量中）的水平；在局部区域，均匀分布着 20~25 g/kg 的Ⅱ级（含量很高）水平，且面积比例大于 D3 土壤层。预测值与样点实测值的对比，两者的平均值基本接近，其中预测值为 18.83g/kg，比实测值 16.73 g/kg 高 2.1 g/kg；预测值的标准差为 5.74 g/kg，比实测值的标准差 7.52 g/kg 低 1.78 g/kg。因此预测较合理。

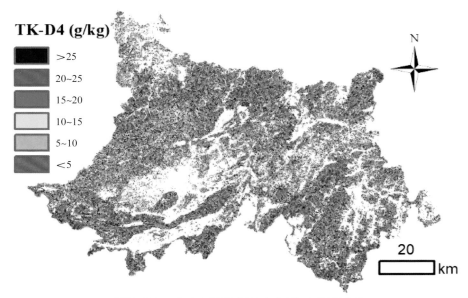

图6.29　D4土壤层TK空间分布预测图

将土壤养分 TK 空间分布预测图与地形水文参数图对比可知，生产获得 D4 土壤层 TK 含量的空间分布变化状况，整体上与输入参数 SDR 和 TPI 的空间分布图相似，在 SDR 小，TPI 为上坡位的地区，TK 含量较高。这与上述主要影响因子分析结果一致。

6.6.6 第五层土壤全钾的空间分布与特征分析

对土壤养分 TK 指标 D5 土壤层的 ANN 模型输入候选参数进行筛选，所获得的最优组合如表 6.41，为 6 参数组合，包括 SDR、Slope、Aspect、TPI、FD 和 STF。模型输入参数类型显示，该组合是将 5 参数组合中的 PSR 用 FD 和 STF 替换后构成的，而 5 参数组合恰好包含 1 参数至 4 参数组合中的全部参数。模型评价指标显示，6 参数组合时，RMSE 逐渐降低至最小值 14.28g/kg，R^2 和 ROA ± 20% 均逐渐增加至最大值，分别为 0.87 和 86%，ROA ± 10% 为 75%，仅次于 8 参数组合时的最大值 76%。继续增加参数至 7 参数组合时，R^2、ROA ± 10% 和 ROA ± 20% 分别下降 0.10、3% 和 5%，RMSE 显著增加至 28.08 g/kg，增加了 13.80 g/kg，接近 1 倍。因此，选择 6 参数组合为预测 D5 土层 TK 指标的最优组合。

表6.41　TK D5土层ANN模型输入最优组合

参数 个数	RMSE (g/kg)	R^2	ROA ±5%	ROA ±10%	ROA ±20%	最优输入组合
1	43.94	0.51	27%	50%	64%	SDR
2	37.24	0.61	34%	55%	69%	SDR, Aspect

参数个数	RMSE (g/kg)	R^2	ROA ±5%	ROA ±10%	ROA ±20%	最优输入组合
3	33.03	0.68	37%	60%	75%	SDR, Slope, PSR
4	25.33	0.77	44%	68%	78%	SDR, Slope, Aspect, TPI
5	18.05	0.85	49%	72%	84%	SDR, Slope, Aspect, TPI, PSR
6	14.28	0.87	49%	75%	86%	SDR, Slope, Aspect, TPI, FD, STF
7	28.08	0.77	56%	72%	81%	SDR, Slope, Aspect, TPI, FD, STF, PSR
8	23.87	0.81	58%	76%	84%	SDR, Slope, Aspect, TPI, FD, STF, PSR, DTW
9	21.40	0.82	51%	72%	82%	SDR, Slope, Aspect, TPI, FD, STF, PSR, DTW, FL

　　在所有最优输入组合中，SDR 能够直接解释 D5 层 TK 含量变化的 51%，加入 Aspect 则增加到 61%，而且 SDR 在 9 个参数模型输入最优组合中全部出现，Aspect 在除 2 参数外的其他模型输入最优组合中全部出现。由此，SDR 对 D5 层土壤养分 TK 的预测能力相对较强，Aspect 次之。

　　用筛选获得的最优 ANN 预测模型生产 D5 土壤层 TK 的空间分布图，并依据全国第二次土壤普查推荐的土壤养分 TK 分级标准，对预测结果由高到低依次进行区间划分为 Ⅰ级、Ⅱ级、Ⅲ级、Ⅳ级、Ⅴ级和Ⅵ级，如图 6.30。D5 土壤层 TK 的含量与 D3 土壤层相当，低于 D4 土壤层且高于 D1~D2 土壤层，预测平均值为 16.93 ± 7.94 g/kg，空间分布主要在 15~20 g/kg、10~15 g/kg 和 5~10 g/kg 的范围内，分别为全国第二次土壤普查规定的Ⅲ级（含量高）、Ⅳ级（含量中）和Ⅴ级（含量低）的水平；在局部区域，均匀分布着

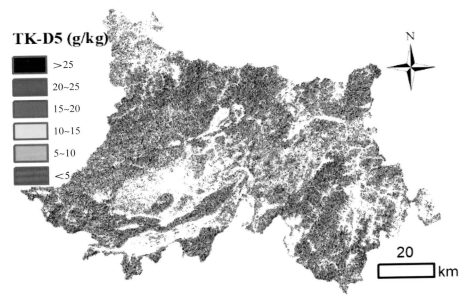

图6.30　D5土壤层TK空间分布预测图

20~25 g/kg 的 II 级（含量很高）水平。预测值与样点实测值的对比，两者的平均值基本接近，其中预测值为 16.93 g/kg，比实测值 16.98 g/kg 低 0.05 g/kg；预测值的标准差为 7.94 g/kg，比实测值的标准差 7.70 g/kg 高 0.24 g/kg。因此预测较合理。

将土壤养分 TK 空间分布预测图与地形水文参数图对比可知，生产获得 D5 土壤层 TK 含量的空间分布变化状况，整体上与输入参数 SDR 和 Aspect 的空间分布图相似，在 SDR 小、Aspect 为北、西北和西方向上的地区，TK 含量较高。这与上述主要影响因子分析结果一致。

6.6.7 模型独立验证精度

验证精度与建模精度对比分析显示，土壤养分 TK 指标 5 个土壤层中建立的 ANN 模型，在独立验证区域应用时，预测能力有所下降，如表 6.42，具体如下：

表6.42 独立区域TK模型验证精度

土壤层	验证精度					验证精度-建模精度				
	RMSE (g/kg)	R^2	ROA ±5%	ROA ±10%	ROA ±20%	RMSE	R^2	ROA ±5%	ROA ±10%	ROA ±20%
D1	31.66	0.39	31%	44%	56%	38%	−50%	−33%	−37%	−31%
D2	26.13	0.57	32%	52%	55%	42%	−31%	−32%	−26%	−31%
D3	22.45	0.55	36%	41%	47%	39%	−35%	−26%	−40%	−42%
D4	32.35	0.58	36%	42%	52%	47%	−28%	−26%	−41%	−37%
D5	18.07	0.42	33%	51%	55%	27%	−52%	−32%	−31%	−36%

TK 预测模型 D1~D5 土壤层中的验证精度：RMSE、R^2、ROA ± 5%、ROA ± 10% 和 ROA ± 20% 依次为 18.07~32.35 g/kg、39%~58%、31%~36%、41%~52% 和 47%~56%，分别比建模精度增加 27%~47%，降低 28%~52%，降低 26%~33%，降低 26%~41% 和降低 31%~42%。其中，验证精度 ROA ± 5% 在 D3 和 D4 土壤层中相等且达到最高，为 36%；ROA ± 10% 在 D2 土壤层最高，为 52%；ROA ± 20% 在 D1 土壤层达到最高 56%；R^2 在 D4 土壤层最高为 58%；RMSE 在 D5 土壤层达到最优，为 18.07 g/kg。因此，对 TK 构建 D1~D5 土壤层预测模型的推广能力与 TP 一致，在不同评价指标中的表现有所差异。

尽管 5 个土壤层 ANN 模型的预测能力存在一定程度上下降，但整体上 5 个模型评价指标依然显示着较好的预测水平，表明筛选获得土壤养分 TK 的最优 ANN 模型，能够在与本研究区相似的区域推广应用。

6.7 三维土壤速效钾分析

6.7.1 土壤速效钾样点统计学分析

按全国第二次土壤普查推荐的土壤养分 AK 分级标准，将云浮市 5 个县内土壤剖面各土壤层的 AK 实测值进行统计分析，如表 6.43。AK 含量的平均值，在 D1 土壤层为 50.84 mg/kg，属于 Ⅳ 级（含量中）的水平，D2~D5 土壤层处于 36.41~42.84 mg/kg 的范围，属于 Ⅴ 级（含量低）的水平。AK 含量的最小值，在 D1~D5 土壤层处于 4.80~9.15 mg/kg 的范围，均属于 Ⅵ 级（含量很低）的水平。AK 含量的最大值，在 D1~D5 土壤层处于 169.46~188.58 mg/kg 的范围，均属于 Ⅱ 级（含量很高）的水平。AK 含量的标准差，在 D1~D5 土壤层处于 23.70~30.39 mg/kg 的范围，其中 D1 土壤层最大，为 30.39 mg/kg，表明 D1 土壤层 AK 的空间变异性最大。

表6.43　各土壤层土壤样点AK含量实测数据统计表

土壤层	最小值(mg/kg)	最大值(mg/kg)	平均值(mg/kg)	标准差(mg/kg)
D1	9.15	187.62	50.84	30.39
D2	7.55	188.58	42.84	28.15
D3	6.18	176.99	38.94	25.30
D4	6.96	169.46	37.85	25.54
D5	4.80	178.67	36.41	23.70

6.7.2 第一层土壤速效钾的空间分布与特征分析

对土壤养分 AK 指标 D1 土壤层 ANN 模型输入候选参数进行筛选，所获得的最优组合为 5 参数组合，如表 6.44，包括 Slope、DTW、TPI、Aspect 和 SDR。模型输入参数种类显示，1 参数 Slope 的基础上依次增加 DTW、TPI、Aspect 和 SDR 形成 2 参数、3 参数、4 参数和 5 参数组合，参数种类比较稳定。模型评价指标显示，参数由 1 个逐渐增加至 5 个，RMSE 由 837.08 mg/kg 逐渐降低至 321.62 mg/kg，R^2、ROA ± 5%、ROA ± 10% 和 ROA ± 20% 分别逐渐增长至 0.81、34%、58% 和 71%。继续增加参数至 6 参数组合时，RMSE 和 R^2 趋于稳定，仅分别降低 12.33 mg/kg 和增加 0.01，ROA 的 3 个指标均开始下降，ROA ± 5%、ROA ± 10% 和 ROA ± 20% 分别降低 4%、2% 和 1%。因此，选择 5 参数组合为 AK 指标 D1 土壤层的最优组合。

表6.44　AK D1土层ANN模型输入最优组合

参数个数	RMSE (mg/kg)	R^2	ROA ±5%	ROA ±10%	ROA ±20%	最优输入组合
1	837.08	0.52	15%	35%	46%	Slope
2	599.13	0.59	24%	43%	55%	Slope, DTW
3	543.26	0.64	26%	45%	57%	Slope, DTW, TPI
4	403.78	0.75	29%	50%	64%	Slope, DTW, TPI, Aspect
5	321.62	0.81	34%	58%	71%	Slope, DTW, TPI, Aspect, SDR
6	309.29	0.82	30%	56%	70%	Slope, DTW, TPI, Aspect, SDR, FD
7	697.86	0.68	33%	60%	72%	Slope, DTW, TPI, Aspect, SDR, FD, FL
8	352.40	0.79	31%	57%	70%	Slope, DTW, TPI, Aspect, SDR, FD, FL, PSR
9	308.47	0.83	36%	57%	71%	Slope, DTW, TPI, Aspect, SDR, FD, FL, PSR,STF

在所有最优输入组合中，Slope 能够直接解释 D1 层 AK 含量变化的 52%，Slope 和 DTW 的组合对 AK 变化解释率增加到 59%，再加入 TPI 则增加到 64%，继续增加 Aspect 对 AK 变化解释率增加到 75%，而且 Slope 和 Aspect 在后面的模型输入最优组合中全部出现。由此，Slope 对 D1 层土壤养分 AK 的预测能力相对较强，Aspect 次之。

将 D1 土壤层 AK 的空间分布预测图与 0~20 cm 粗分辨率 AK 图比较，两者空间分布的平均等级相差不大，其中预测图处于Ⅳ级（含量中）和Ⅴ级（含量低）的水平，0~20 cm 粗分辨率 AK 图处于Ⅲ级（含量高）和Ⅵ级（含量很低）的水平。用筛选获得的最优 ANN 预测模型生产 D1 土壤层 AK 的空间分布图，并依据全国第二次土壤普查推荐的土壤养分 AK 分级标准，对预测结果由高到低依次进行区间划分为Ⅰ级、Ⅱ级、Ⅲ级、Ⅳ级、Ⅴ级和Ⅵ级，如图 6.31。D1 土壤层 AK 的含量最高，预测平均值为 51.22 ± 21.41 mg/kg，空间分布主要处于 50~100 mg/kg 的范围内，为全国第二次土壤普查推荐的Ⅳ级（含量中）水平；局部区域分布着 30~50 mg/kg 的Ⅴ级（含量低）范围。预测值与样点实测值的对比，两者的平均值基本接近，其中预测值为 51.22 mg/kg，比实测值 50.84 mg/kg 高 0.38 mg/kg；预测值的标准差为 21.41 mg/kg，比实测值的标准差 30.39 mg/kg 低 8.98 mg/kg。因此预测较合理。

将 D1 土壤层 AK 的空间分布预测图与 0~20 cm 粗分辨率 AK 图比较，两者空间分布的平均等级基本一致，均处于Ⅳ级（含量中）的水平。同时预测图呈现出比 CAP 更为详细的空间分布变化。将土壤养分 AK 空间分布预测图与地形水文参数图对比可知，生产获得 D1 土壤层 AK 含量的空间分布变化状况，整体上与输入参数 Slope 和 Aspect 的空间分

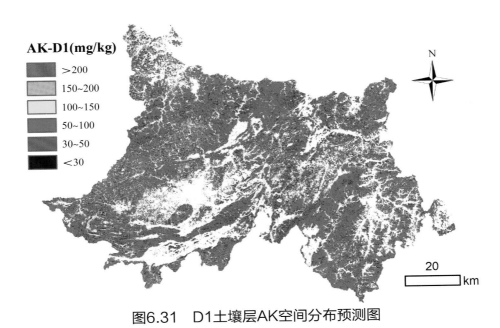

图6.31 D1土壤层AK空间分布预测图

布图相似，在 Slope 大、Aspect 为北、西北和西方向上的地区，AK 含量较高。这与上述主要影响因子分析结果一致。

6.7.3 第二层土壤速效钾的空间分布与特征分析

对土壤养分 AK 指标 D2 土壤层 ANN 模型输入候选参数进行筛选，所获得的最优组合为 7 参数组合，如表 6.45，包括 SDR、FD、Aspect、DTW、PSR、Slope 和 FL。模型输入参数类型显示，单独预测能力强的 SDR 在 2 参数和 3 参数组合中未被选中，但从 4 参数组合开始显示出预测优势。2 参数组合的基础上增加 FL 至 3 参数组合，SDR 和 Aspect 替代 3 参数组合中的 FL 构成 4 参数组合，4 参数组合中的 Slope 继续被 DTW 和 PSR 替换构成 5 参数组合，后增加 TPI 形成 6 参数组合。7 参数组合由 Slope 与 FL 替代 6 参数中的 TPI 构成。模型评价指标显示，7 参数组合时，5 个模型评价指标均一致达到最优值，RMSE、R^2、ROA ± 5%、ROA ± 10% 和 ROA ± 20% 分别为 200.38 mg/kg、0.87、46%、71% 和 82%，相较于 6 参数组合均得到显著提高。因此，选择 7 参数组合为 AK 指标 D2 土壤层的最优组合。

表6.45 AK D2土层ANN模型输入最优组合

参数个数	RMSE (mg/kg)	R^2	ROA ±5%	ROA ±10%	ROA ±20%	最优输入组合
1	642.69	0.44	21%	38%	48%	SDR
2	520.53	0.59	24%	43%	54%	Slope, FD

续表

参数个数	RMSE (mg/kg)	R^2	ROA ±5%	ROA ±10%	ROA ±20%	最优输入组合
3	505.76	0.62	26%	46%	58%	Slope, FD, FL
4	344.60	0.75	28%	51%	63%	SDR, FD, Aspect, Slope
5	923.36	0.59	36%	56%	67%	SDR, FD, Aspect, DTW, PSR
6	415.63	0.72	39%	63%	75%	SDR, FD, Aspect, DTW, PSR, TPI
7	200.38	0.87	46%	71%	82%	SDR, FD, Aspect, DTW, PSR, Slope, FL
8	225.16	0.85	45%	66%	78%	SDR, FD, Aspect, DTW, PSR, Slope, FL, STF
9	295.72	0.81	37%	60%	72%	SDR, FD, Aspect, DTW, PSR, Slope, FL, STF,TPI

在所有最优输入组合中，SDR 能够直接解释 D2 层 AK 含量变化的 44%，Slope 和 FD 的组合对 AK 变化解释率增加到 59%，而且 SDR 和 FD 在后面的模型输入最优组合中全部出现。由此，SDR 对 D2 层土壤养分 AK 的预测能力相对较强，FD 次之。

用筛选获得的最优 ANN 预测模型生产 D2 土壤层 AK 的空间分布图，并依据全国第二次土壤普查推荐的土壤养分 AK 分级标准，对预测结果由高到低依次进行区间划分为Ⅰ级、Ⅱ级、Ⅲ级、Ⅳ级、Ⅴ级和Ⅵ级，如图 6.32。D2 土壤层 AK 的含量低于 D1 土壤层且高于 D3~D5 土壤层，预测平均值为 43.09 ± 23.52 mg/kg，空间分布主要处于 50~100 mg/kg 的范围内，为全国第二次土壤普查推荐的Ⅳ级（含量中）水平；局部区域分布着 30~50 mg/kg 和 30 mg/kg 以下的Ⅴ级（含量低）和Ⅵ级（含量很低）范围。预测值与样点实测值的对比，两者的平均值基本接近，其中预测值为 43.09 mg/kg，比实

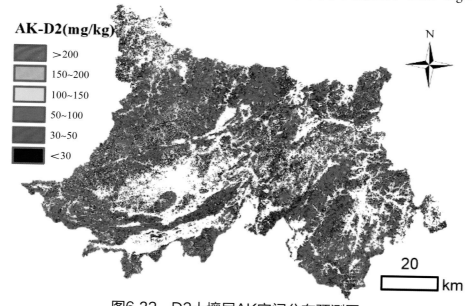

图6.32 D2土壤层AK空间分布预测图

测值 42.84 mg/kg 高 0.25 mg/kg；预测值的标准差为 23.52 mg/kg，比实测值的标准差 28.15 mg/kg 低 4.63 mg/kg。因此预测较合理。

将土壤养分 AK 空间分布预测图与地形水文参数图对比可知，生产获得 D2 土壤层 AK 含量的空间分布变化状况，整体上与输入参数 SDR 和 FD 的空间分布图相似，在 SDR 小、FD 为北、西北和西方向上的地区，AK 含量较高。这与上述主要影响因子分析结果一致。

6.7.4 第三层土壤速效钾的空间分布与特征分析

对土壤养分 AK 指标 D3 土壤层 ANN 模型输入候选参数进行筛选，所获得的最优组合如表 6.46，为 8 参数组合，包括 DTW、FD、Slope、STF、SDR、Aspect、FL 和 TPI，仅 PSR 未被选中。参数类型显示，1 参数 Slope 和 2 参数组合叠加构成 3 参数组合，后增加 FL 构成 4 参数组合，4 参数组合中的 FL 被 STF 和 SDR 替换后形成 5 参数组合，随后依次增加 Aspect、FL 与 TPI 分别构成 6 参数、7 参数和 8 参数组合。模型评价指标显示，RMSE 和 R^2 随参数个数的增加变化不稳定，8 参数组合时达到最优值，分别为 154.31 mg/kg 和 0.88；ROA ± 5% 在 5 参数组合时略微下降了 1%，但整体呈现递增趋势，8 参数组合时达到最大值 39%。ROA ± 10% 和 ROA ± 20% 随参数由 1 个逐渐增加至 8 个时同样逐渐增长至最大值，分别为 65% 与 77%。因此，选择 8 参数组合为 AK 指标 D3 土壤层的最优组合。

表6.46　AK D3土层ANN模型输入最优组合

参数个数	RMSE (mg/kg)	R^2	ROA ±5%	ROA ±10%	ROA ±20%	最优输入组合
1	718.94	0.46	16%	32%	43%	Slope
2	415.11	0.59	26%	39%	52%	DTW, FD
3	1483.82	0.35	27%	46%	58%	DTW, FD, Slope
4	302.36	0.74	28%	48%	61%	DTW, FD, Slope, FL
5	291.23	0.76	27%	52%	65%	DTW, FD, Slope, STF, SDR
6	170.76	0.86	35%	59%	72%	DTW, FD, Slope, STF, SDR, Aspect
7	205.60	0.83	38%	65%	74%	DTW, FD, Slope, STF, SDR, Aspect, FL
8	154.31	0.88	39%	65%	77%	DTW, FD, Slope, STF, SDR, Aspect, FL, TPI
9	234.95	0.81	31%	53%	66%	DTW, FD, Slope, STF, SDR, Aspect, FL,TPI, PSR

在所有最优输入组合中，Slope 能够直接解释 D3 层 AK 含量变化的 46%，DTW 和 FD 的组合对 AK 变化解释率增加到 59%，Slope、DTW 和 FD 的组合对 AK 变化解释率达到 68%，而且 Slope、DTW 和 FD 在后面的模型输入最优组合中全部出现。由此，Slope

对 D3 层土壤养分 AK 的预测能力相对较强，DTW 和 FD 次之。

用筛选获得的最优 ANN 预测模型生产 D3 土壤层 AK 的空间分布图，并依据全国第二次土壤普查推荐的土壤养分 AK 分级标准，对预测结果由高到低依次进行区间划分为Ⅰ级、Ⅱ级、Ⅲ级、Ⅳ级、Ⅴ级和Ⅵ级，如图 6.33。D3 土壤层 AK 的含量低于 D1 和 D2 土壤层且高于 D4 和 D5 土壤层，预测平均值为 40.31±21.72 mg/kg，空间分布主要处于 50~100 mg/kg 的范围内，为全国第二次土壤普查推荐的Ⅳ级（含量中）水平；局部区域分布着 30~50 mg/kg 和 30 mg/kg 以下的Ⅴ级（含量低）和Ⅵ级（含量很低）范围，且Ⅵ级（含量很低）的面积比例大于 D2 土壤层。预测值与样点实测值的对比，两者的平均值基本接近，其中预测值为 40.31 mg/kg，比实测值 38.94 mg/kg 高 1.37 mg/kg；预测值的标准差为 21.72 mg/kg，比实测值的标准差 25.30 mg/kg 低 3.58 mg/kg。因此预测较合理。

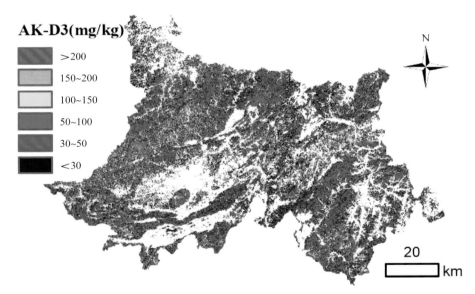

图6.33　D3土壤层AK空间分布预测图

将土壤养分 AK 空间分布预测图与地形水文参数图对比可知，生产获得 D3 土壤层 AK 含量的空间分布变化状况，整体上与输入参数 Slope、DTW 和 FD 的空间分布图相似，在 Slope 和 DTW 大，FD 为北、西北和西方向上的地区，AK 含量较高。这与上述主要影响因子分析结果一致。

6.7.5 第四层土壤速效钾的空间分布与特征分析

对土壤养分 AK 指标 D4 土壤层 ANN 模型输入候选参数进行筛选，如表 6.47，所获得的最优组合为 7 参数组合，包括 SDR、FL、TPI、Aspect、Slope、STF 和 DTW。参数类型显示，1 参数 SDR 的基础上依次增加 TPI、FL 和 FD 逐渐构成 2 参数、3 参数和 4 参数组合，Aspect 与 Slope 替换 4 参数组合中的 TPI 构成 5 参数组合，后增加 TPI 构成 6 参数组合，7 参数组合是用 STF 与 DTW 替换 6 参数中的 FD 形成的。模型评价指标显示，7 参数组合时，RMSE 降低至 181.04mg/kg，R^2 提高至 0.85，ROA ± 5% 达到最大值 43%，ROA ± 10% 和 ROA ± 20% 均达到除 9 参数组合外的最大值，分别为 62% 和 73%。继续增加 FD 至 8 参数组合时，尽管 RMSE 和 R^2 有略微改善，但 ROA 的 3 个指标均开始下降，尤其是 ROA ± 5% 与 ROA ± 10% 下降幅度较大，分别下降 8% 与 5%，ROA ± 20% 下降 2%，不利于模型的应用。因此，选择 7 参数组合为 AK 指标 D4 土壤层的最优组合。

表6.47 AK D4土层ANN模型输入最优组合

参数个数	RMSE (mg/kg)	R^2	ROA ±5%	ROA ±10%	ROA ±20%	最优输入组合
1	517.56	0.45	16%	34%	45%	SDR
2	479.32	0.56	25%	41%	55%	SDR, TPI
3	388.19	0.65	27%	49%	59%	SDR, FL, TPI
4	472.61	0.60	24%	48%	60%	SDR, FL, TPI, FD
5	214.53	0.82	30%	52%	65%	SDR, FL, Aspect, Slope, FD
6	271.40	0.80	37%	60%	73%	SDR, FL, TPI, Aspect, Slope, FD
7	181.04	0.85	43%	62%	73%	SDR, FL, TPI, Aspect, Slope, STF, DTW
8	165.97	0.87	35%	57%	71%	SDR, FL, TPI, Aspect, Slope, STF, DTW, FD
9	175.04	0.86	43%	65%	76%	SDR, FL, TPI, Aspect, Slope, STF, DTW, FD,PSR

在所有最优输入组合中，SDR 能够直接解释 D4 层 AK 含量变化的 45%，加入 TPI 对 AK 变化解释率增加到 56%，再加入 FL 则增加到 65%，而且 SDR 和 FL 在后面的模型输入最优组合中全部出现，TPI 仅在 5 参数组合时未被选中。由此，SDR 对 D4 层土壤养分 AK 的预测能力相对较强，TPI 和 FL 次之。

用筛选获得的最优 ANN 预测模型生产 D4 土壤层 AK 的空间分布图，并依据全国第二次土壤普查推荐的土壤养分 AK 分级标准，对预测结果由高到低依次进行区间划分为 I 级、II 级、III 级、IV 级、V 级和VI级，如图 6.34。D4 土壤层 AK 的含量低于 D1~D3 土壤层且高于 D5 土壤层，预测平均值为 40.30 ± 18.13 mg/kg，空间分布与 D3 土壤层相似，主要处于 50~100 mg/kg 的范围内，为全国第二次土壤普查推荐的IV级（含量中）水平；局部区域分布着 30~50 mg/kg 和 30 mg/kg 以下的 V 级（含量低）和VI级（含量很低）范围。预测值与样点实测值的对比，两者的平均值基本接近，其中预测值为 40.30 mg/kg，比实测值 37.85 mg/kg 高 2.45 mg/kg；预测值的标准差为 18.13 mg/kg，比实测值的标准差 25.54 mg/kg 低 7.41 mg/kg。因此预测较合理。

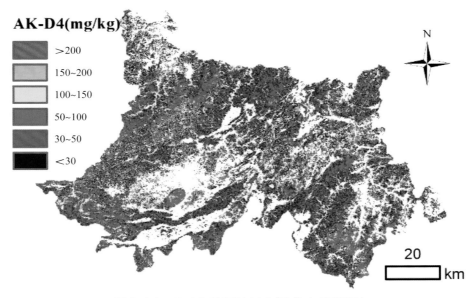

图6.34　D4土壤层AK空间分布预测图

将土壤养分 AK 空间分布预测图与地形水文参数图对比可知，生产获得 D4 土壤层 AK 含量的空间分布变化状况，整体上与输入参数 SDR、TPI 和 FL 的空间分布图相似，在 SDR 和 FL 小、TPI 为上坡位的地区，AK 含量较高。这与上述主要影响因子分析结果一致。

6.7.6 第五层土壤速效钾的空间分布与特征分析

对土壤养分 AK 指标 D5 土壤层 ANN 模型输入候选参数进行筛选，所获得的最优组合，如表 6.48，为 6 参数组合，包括 FD、DTW、SDR、Slope、TPI 和 PSR。参数类型显示，1 参数 FD 的基础上依次增加 DTW、TPI 和 Slope 分别形成 2 参数、3 参数和 4 参数组合，之后 SDR 和 Aspect 替代 4 参数组合中的 TPI 构成 5 参数组合，6 参数组合是由 5 参数组合中的 Aspect 被 TPI 和 PSR 替代构成的。模型评价指标显示，参数由 1 个增加至 6 个时，ROA ± 5%、ROA ± 10% 和 ROA ± 20% 分别逐渐提高至 41%、60% 和 73%，仅次于 8 参数组合时的最优水平。RMSE 为 171.78 mg/kg，R^2 为 0.84，仅次于 7 参数组合的最优水平。虽然 5 参数和 7 参数组合的 RMSE 与 R^2 均略微优于 6 参数组合，但 ROA 的 3 个指标却大幅度下降，不利于模型的应用。因此，选择 6 参数组合为 AK 指标 D5 土壤层的最优组合。

表6.48　AK D5土层ANN模型输入最优组合

参数个数	RMSE (mg/kg)	R^2	ROA ±5%	ROA ±10%	ROA ±20%	最优输入组合
1	432.15	0.48	17%	34%	44%	FD
2	349.27	0.61	23%	40%	52%	FD, DTW
3	433.09	0.57	26%	47%	55%	FD, DTW, TPI
4	309.32	0.70	33%	53%	64%	FD, DTW, TPI, Slope
5	149.63	0.86	33%	55%	68%	FD, DTW, SDR, Slope, Aspect
6	171.78	0.84	41%	60%	73%	FD, DTW, SDR, Slope, TPI, PSR
7	149.90	0.86	35%	58%	72%	FD, DTW, SDR, Slope, TPI, PSR, STF
8	224.75	0.82	42%	62%	74%	FD, DTW, SDR, TPI, PSR, STF, Aspect, FL
9	292.33	0.74	31%	55%	66%	FD, DTW, SDR, TPI, PSR, STF, Aspect, FL, Slope

在所有最优输入组合中，FD 能够直接解释 D5 层 AK 含量变化的 48%，加入 DTW 则增加到 61%，而且 FD 和 DTW 在后面的模型输入最优组合中全部出现。由此，FD 对 D5 层土壤养分 AK 的预测能力相对较强，DTW 次之。

用筛选获得的最优 ANN 预测模型生产 D5 土壤层 AK 的空间分布图，并依据全国第二次土壤普查推荐的土壤养分 AK 分级标准，对预测结果由高到低依次进行区间划分为 I 级、II 级、III 级、IV 级、V 级和VI级，如图 6.35。D5 土壤层 AK 的含量最低，预测平均值为 36.77 ± 20.18 mg/kg，空间分布主要处于 50~100 mg/kg、30~50 mg/kg 和 30 mg/kg 以下的范围内，分别为全国第二次土壤普查推荐的IV级（含量中）、V级（含量低）和VI级

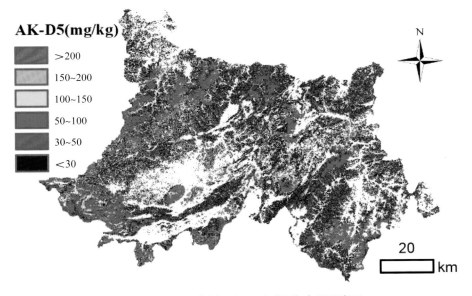

AK-D5(mg/kg)
>200
150~200
100~150
50~100
30~50
<30

20 km

图6.35　D5土壤层AK空间分布预测图

（含量很低）范围。预测值与样点实测值的对比，两者的平均值基本接近，其中预测值为 36.77 mg/kg，比实测值 36.41 mg/kg 高 0.36 mg/kg；预测值的标准差为 20.18 mg/kg，比实测值的标准差 23.70 mg/kg 低 3.52 mg/kg。因此预测较合理。

将土壤养分 AK 空间分布预测图与地形水文参数图对比可知，生产获得 D5 土壤层 AK 含量的空间分布变化状况，整体上与输入参数 FD 和 DTW 的空间分布图相似，在 FD 为北、西北和西方向上和 DTW 大的地区，AK 含量较高。这与上述主要影响因子分析结果一致。

6.7.7 模型独立验证精度

验证精度与建模精度对比分析显示，土壤养分 AK 指标 5 个土壤层中建立的 ANN 模型，在独立验证区域应用时，预测能力有所下降，如表 6.49，具体如下：

表6.49　独立区域AK模型验证精度

土壤层	验证精度					验证精度-建模精度				
	RMSE (mg/kg)	R^2	ROA ±5%	ROA ±10%	ROA ±20%	RMSE	R^2	ROA ±5%	ROA ±10%	ROA ±20%
D1	461.9	0.49	20%	33%	49%	44%	−39%	−41%	−43%	−31%
D2	286.2	0.63	28%	36%	41%	43%	−27%	−39%	−50%	−50%
D3	228.2	0.65	25%	36%	42%	48%	−26%	−36%	−44%	−45%
D4	259.7	0.43	25%	35%	43%	43%	−50%	−41%	−44%	−41%
D5	237.8	0.58	29%	39%	43%	38%	−31%	−29%	−35%	−41%

AK 预测模型 D1~D5 土壤层的验证精度：RMSE、R^2、ROA ± 5%、ROA ± 10% 和 ROA ± 20% 依次为 228.2~461.9mg/kg、43%~65%、20%~29%、33%~39% 和 41%~49%，分别比建模精度增加 38%~48%，降低 26%~50%，降低 29%~41%，降低 35%~50%，降低 31%~50%。其中，验证精度 ROA ± 5% 和 ROA ± 10% 在 D5 土壤层中达到最高，分别为 29% 和 39%；ROA ± 20% 在 D1 土壤层达到最高，为 49%；R^2 和 RMSE 在 D3 土壤层达到最优，分别为 0.65 和 228.2 mg/kg。整体来看，对 AK 构建 D1~D5 土壤层预测模型的推广能力，在不同评价指标中的表现有所差异。

尽管 5 个土壤层 ANN 模型的预测能力存在一定程度上下降，但整体上 5 个模型评价指标依然显示着较好的预测水平，表明筛选获得土壤养分 AK 的最优 ANN 模型，能够在与本研究区相似的区域推广应用。

第七章
云浮森林土壤重金属元素三维空间分析

7.1 三维土壤镉分析

7.1.1 土壤镉样点统计学分析

将各土壤层 Cd 实测值进行统计分析，如表 7.1 可以看出，Cd 的平均值在 D1 土壤层中为 0.022 mg/kg，D2–D5 土层处于 0.014~0.018 mg/kg 的范围；在 5 个土壤层中由大到小依次为 D1、D2、D3、D4 和 D5 土壤层，即随土壤深度的增加，Cd 的含量逐渐降低。Cd 的最小值在 D1 至 D5 土壤层均不大于 0.002 mg/kg。Cd 的最大值，在 D1 土壤层为 0.338 mg/kg，在 D2 至 D4 土壤层处于 0.152~0.185 mg/kg 的范围。

表7.1　各土壤层土壤样点Cd含量实测数据统计表

土壤层	平均值 (mg/kg)	最小值 (mg/kg)	最大值 (mg/kg)
D1	0.022	0.001	0.338
D2	0.018	0.002	0.185
D3	0.017	0.001	0.163
D4	0.015	0.001	0.152
D5	0.014	0.001	0.175

7.1.2 第一层土壤镉的空间分布与特征分析

对 D1 土壤层 Cd 所构建的 ANN 模型，输入部分是在必选参数 CT 的基础上，由 1 个至 9 个逐渐叠加候选的地形水文参数，经筛选获得的 D1 土层 Cd 模型输入最优组合由 7 个候选参数组成，如表 7.2，包括 TPI、Slope、Aspect、DTW、Length、Direction、

PSR。1参数至4参数组合的全体参数构成5参数组合，在6参数组合部分参数的优化下形成7参数组合。指标显示，模型预测能力逐渐提高，其中R^2由0.655逐渐提高至0.882，ROA±10%、ROA±20%也逐渐分别提高至33.2%、48.8%。虽然最优组合参数为7个时，RMSE的值最大，但R^2、ROA±10%、ROA±20%均在参数个数为7时最大，所以RMSE的影响可以忽略不计。组合参数由6个增加至7个时，模型精度评价指标均得到进一步优化。当参数个数继续增加至8、9个时，R^2迅速减少，表明模型本身的校正能力迅速下降，拟合精确度开始降低。这是由于随着输入参数个数的逐渐增加，模型本身的不确定性所致。综上可以看出，7参数组合时，模型整体达到最佳状态。

表7.2　Cd D1土层ANN模型输入最优组合

参数个数	RMSE (mg/kg)	R^2	ROA ±10%	ROA ±20%	最优输入组合
1	379.43	0.655	16.6%	28.8%	Slope
2	410.57	0.769	21.3%	32.7%	Slope,Direction
3	444.16	0.741	22.1%	35.6%	Slope,Aspect,Direction
4	431.45	0.799	18.7%	34.3%	Slope,STF,DTW,Direction
5	475.34	0.557	24.7%	39.5%	Slope,Aspect,STF,DTW,Direction
6	592.18	0.736	32.2%	47.3%	TPI,Slope,SDR,DTW,Length,PSR
7	623.53	0.882	33.2%	48.8%	TPI,Slope,Aspect,DTW,Length,Direction,PSR
8	551.27	0.664	27.8%	46.2%	TPI,Slope,Aspect,STF,SDR,DTW,Direction,PSR
9	543.58	0.421	21.8%	41.0%	TPI,Slope,Aspect,STF,SDR,DTW,Length,Direction,PSR

在所有在所有最优输入组合中，Slope能够直接解释D1层镉含量变化的65.5%，Slope和Direction的组合对镉变化解释率增加到76.9%，而且Slope和Direction在后面的模型输入最优组合中全部出现。由此，Slope对D1层土壤镉的预测能力相对较强，Direction次之。

用筛选获得的最优ANN预测模型生产D1土壤镉的空间分布图，并依据土壤环境质量标准，对预测结果由高到低依次进行区间划分，如图7.1。D1土壤层镉含量最高，预测平均值为0.022 mg/kg。预测值与样点实测值的对比，两者的平均值相同，均为0.22 mg/kg，因此预测较合理。

将D1土壤镉的空间分布预测图与地形水文参数图对比可知，生产获得D1土壤镉含量的空间分布变化状况，整体上与输入参数Slope和Direction的空间分布图相似，在Slope小，Direction小的地区，土壤镉含量高。这与上述主要影响因子分析结果一致。

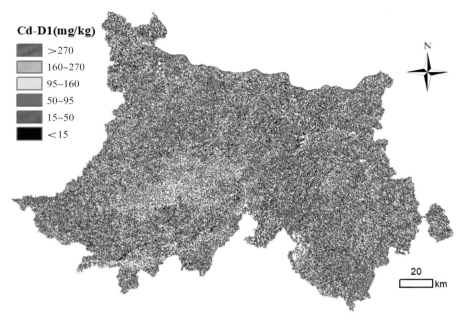

图7.1　D1土壤层Cd空间分布预测图

7.1.3 第二层土壤镉的空间分布与特征分析

对 D2 土壤层 Cd 所构建的 ANN 模型进行输入参数的筛选，获得的最优输入参数组合包含 7 个参数，如表 7.3，分别为 TPI、Slope、STF、DTW、Length、Direction、PSR。STF 替代 1 参数至 6 参数组合中的 SDR 后，与其他参数组合形成 7 参数组合。从模型评价指标上可以看出，5、6、7 参数组合时，R^2 值为所有组合最大，RMSE 值为所有组合最小，且相差不大，R^2 值分别为 0.87、0.86、0.86，RMSE 值分别为 104.111 mg/kg、109.790 mg/kg、108.356 mg/kg，在 R^2 和 RMSE 层面，无法选取最优模型组合。比较 ROA ± 10%、ROA ± 20%，参数组合为 5、6、7 时，均为 7 参数组合时最大，值分别为 31.9%，47.5%，虽然在 7 参数基础上继续增加参数个数，ROA ± 10%、ROA ± 20% 均有所提高，但 RMSE 值明显增大，R^2 值明显减小，且考虑到 ANN 模型自身的不确定性，在保证预测精度的基础上要尽量减少模型输入参数个数，选择 7 参数为最优组合。

表7.3　Cd D2土层ANN模型输入最优组合

参数个数	RMSE (mg/kg)	R^2	ROA ±10%	ROA ±20%	最优输入组合
1	391.543	0.424	10.6%	24.7%	SDR
2	313.050	0.519	14.5%	28.1%	SDR,Direction
3	263.637	0.630	17.1%	31.7%	TPI,SDR,Length
4	181.707	0.763	17.9%	32.7%	TPI,SDR,DTW,Length

参数个数	RMSE (mg/kg)	R^2	ROA ±10%	ROA ±20%	最优输入组合
5	104.111	0.872	20.0%	34.5%	TPI,Slope,SDR,DTW,Direction
6	109.790	0.861	22.3%	37.1%	TPI,Slope,SDR,DTW,Direction,PSR
7	108.356	0.869	31.9%	47.5%	TPI,Slope,STF,DTW,Length,Direction,PSR
8	179.744	0.779	32.2%	48.8%	TPI,Slope,Aspect,STF,DTW,Length,Direction,PSR
9	208.279	0.786	24.7%	40.3%	TPI,Slope,Aspect,STF,SDR,DTW,Length,Direction,PSR

在所有在所有最优输入组合中，SDR 能够直接解释 D2 层镉含量变化的 42%，SDR 和 Direction 的组合对镉变化解释率增加到 51%。由此，Slope 对 D2 层土壤镉的预测能力相对较强，Direction 次之。

用筛选获得的最优 ANN 预测模型生产 D2 土壤镉的空间分布图，并依据土壤环境质量标准，对预测结果由高到低依次进行区间划分，如图 7.2。D2 土壤层镉含量排第二，预测平均值为 0.023 mg/kg，属于 1 级低水平。预测值与样点实测值的对比，两者的平均值基本接近，其中预测值为 0.023 mg/kg，比实测值均为 0.018 mg/kg 高 0.005 mg/kg，预测相对合理。

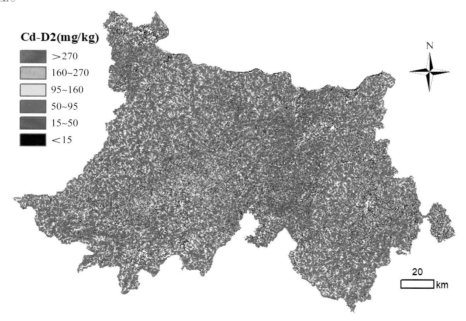

图7.2　D2土壤层Cd空间分布预测图

将 D2 土壤镉的空间分布预测图与地形水文参数图对比可知，生产获得 D2 土壤镉含量的空间分布变化状况，整体上与输入参数 SDR 和 Direction 的空间分布图相似，在 SDR 大，Direction 小的地区，土壤镉含量高。这与上述主要影响因子分析结果一致。

7.1.4 第三层土壤镉的空间分布与特征分析

对 D3 土壤层 Cd 所构建的 ANN 模型进行输入参数的筛选，获得的最优组合包括 Slope、Aspect、STF、DTW、Length、Direction、PSR，共 7 个参数，如表 7.4。该模型输入参数是在 6 参数组合的基础上增加 FL 形成的。模型评价指标 R^2 在参数由 2 变为 3 时，显著增加，其后变化不大。模型评价指标 ROA ± 10%、ROA ± 20% 在 7 参数时均达到最大值，分别为 27.5%、42.3%。继续增加参数时，ROA ± 10%、ROA ± 20% 均开始降低，表明模型本身校正能力开始减弱，拟合精确度逐渐降低。综上可看出，7 参数组合时，模型预测能力整体上达到最佳状态。

表7.4　Cd D3土层ANN模型输入最优组合

参数个数	RMSE (mg/kg)	R^2	ROA ±10%	ROA ±20%	最优输入组合
1	325.248	0.474	11.9%	26.0%	SDR
2	235.787	0.662	14.3%	27.0%	Slope,Direction
3	121.213	0.843	13.2%	27.8%	Slope,STF,DTW
4	140.176	0.821	20.5%	34.5%	Slope,Aspect,DTW,Direction
5	171.767	0.771	24.7%	35.8%	Slope,SDR,DTW,Length,PSR
6	170.045	0.790	24.4%	38.2%	Slope,Aspect,STF,DTW,Direction,PSR
7	173.355	0.777	27.5%	42.3%	Slope,Aspect,STF,DTW,Length,Direction,PSR
8	252.101	0.782	19.7%	36.6%	TPI,Slope,Aspect,STF,SDR,DTW,Direction,PSR
9	127.973	0.848	25.5%	42.1%	TPI,Slope,Aspect,STF,SDR,DTW,Length,Direction,PSR

在所有在所有最优输入组合中，SDR 能够直接解释 D3 层镉含量变化的 47.4%，SDR 和 Direction 的组合对镉变化解释率增加到 66.3%，而且 Direction 在后面的模型输入最优组合中出现。由此，SDR 对 D3 层土壤镉的预测能力相对较强，Direction 次之。

用筛选获得的最优 ANN 预测模型生产 D3 土壤镉的空间分布图，并依据土壤环境质量标准，对预测结果由高到低依次进行区间划分，如图 7.3。D3 土壤层镉含量排第三，预测平均值为 0.019 mg/kg，属于 1 级低水平。预测值与样点实测值的对比，两者的平均值基本接近，其中预测值比实测值 0.017 mg/kg 高 0.002 mg/kg，因此预测较合理。

将 D3 土壤镉的空间分布预测图与地形水文参数图对比可知，生产获得 D3 土壤镉含量的空间分布变化状况，整体上与输入参数 SDR 和 Direction 的空间分布图相似，在 Slope 小，Direction 小的地区，土壤镉含量高。这与上述主要影响因子分析结果一致。

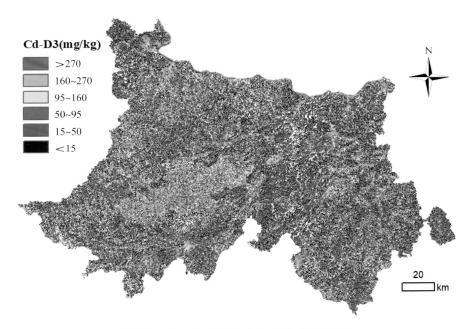

图7.3　D3土壤层Cd空间分布预测图

7.1.5 第四层土壤镉的空间分布与特征分析

对 D4 土壤层 Cd 的模型输入参数进行筛选，所得到的最优组合，如表 7.5，为 7 参数组合，包括 TPI、Slope、Aspect、STF、DTW、Length、PSR。该组合是在 1 参数 Slope 的基础上，依次增加 Aspect、Direction、PSR 分别至 2、3、4 参数组合，之后 5 参数组合中的 SDR 取代 4 参数组合中的 Direction 增加 Length 参数，6 参数组合增加参数 TPI，7 参数组合 STF 取代 SDR，另增加 DTW 参数。从模型评价指标上看，当组合由 1 参数增加至 5 参数时，RMSE 和 R^2 分别处于逐渐降低和稳定提高的状态，各自达到 91.734 mg/kg 和 0.83，ROA 的 2 个模型评价指标也各自稳定增长至 23.3%、33.5%。当继续增加参数至 7 个时，ROA ± 10% 稍小，ROA ± 20% 增大，分别为 21.2%、36.5%。综上，7 参数组合时，模型预测能力整体上达到最佳状态。

表7.5　Cd D4土层ANN模型输入最优组合

参数个数	RMSE (mg/kg)	R^2	ROA ±10%	ROA ±20%	最优输入组合
1	249.519	0.419	13.1%	24.1%	Slope
2	158.023	0.691	13.1%	27.6%	Slope,Aspect
3	144.276	0.727	13.9%	28.2%	Slope,Aspect,Direction
4	146.689	0.718	15.8%	28.7%	Slope,Aspect,Direction,PSR

参数个数	RMSE (mg/kg)	R^2	ROA ±10%	ROA ±20%	最优输入组合
5	91.734	0.839	23.3%	33.5%	Slope,Aspect,SDR,Length,PSR
6	120.948	0.793	24.1%	36.2%	TPI,Slope,Aspect,SDR,Length,PSR
7	114.598	0.796	21.2%	36.5%	TPI,Slope,Aspect,STF,DTW,Length,PSR
8	104.486	0.813	18.5%	35.4%	TPI,Slope,Aspect,STF,DTW,Length,Direction,PSR
9	110.359	0.798	15.8%	30.6%	TPI,Slope,Aspect,STF,SDR,DTW,Length,Direction,PSR

在所有在所有最优输入组合中，Slope 能够直接解释 D4 层镉含量变化的 41.9%，Slope 和 Aspect 的组合对镉变化解释率增加到 69.1%，而且 Slope 和 Aspect 在后面的模型输入最优组合中全部出现。由此，Slope 对 D4 层土壤镉的预测能力相对较强，Aspect 次之。

用筛选获得的最优 ANN 预测模型生产 D4 土壤镉的空间分布图，并依据土壤环境质量标准，对预测结果由高到低依次进行区间划分，如图 7.4。D4 土壤层镉含量排第四，预测平均值为 0.012 mg/kg，属于 1 级低水平。预测值与样点实测值的对比，两者的平均值基本接近，其中预测值比实测值均为 0.015 mg/kg 低 0.003 mg/kg，因此预测较合理。

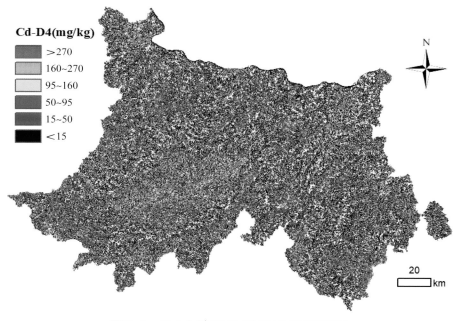

图7.4　D4土壤层Cd空间分布预测图

将 D4 土壤镉的空间分布预测图与地形水文参数图对比可知，生产获得 D4 土壤镉含量的空间分布变化状况，整体上与输入参数 SDR 和 Direction 的空间分布图相似，在 Slope 小，Direction 小的地区，土壤镉含量高。这与上述主要影响因子分析结果一致。

7.1.6 第五层土壤镉的空间分布与特征分析

对 D5 土壤层的 Cd 预测模型，进行最优输入组合的筛选，结果为 7 参数组合，如表 7.6，包括 TPI、Slope、Aspect、STF、DTW、Length、PSR。当模型输入参数由 1 个增加至 6 个时，参数种类达到稳定状态，7 参数组合包括 1 参数至 6 参数组合的全部参数，在 6 参数组合上增加参数 TPI。模型评价指标显示，7 参数组合时，ROA ± 10% 和 ROA ± 20% 均达到最大值，当参数组合个数继续增加时，ROA ± 10% 和 ROA ± 20% 值开始减小。7 参数组合时 RMSE 处于所有组合中较低水平，R^2 虽然不是最大值，但也接近 0.8。综上，表明模型在 7 参数组合时本身校正能力和预测拟合精确度达到最佳状态。

表7.6　Cd D5土层ANN模型输入最优组合

参数个数	RMSE (mg/kg)	R^2	ROA ±10%	ROA ±20%	最优输入组合
1	221.573	0.451	12.4%	22.6%	Slope
2	206.536	0.584	13.8%	28.5%	Slope,DTW
3	156.308	0.670	16.7%	29.6%	Slope,STF,DTW
4	96.554	0.724	18.3%	32.4%	Slope,STF,DTW,Length
5	168.357	0.703	16.2%	34.2%	Slope,STF,DTW,Length,PSR
6	120.541	0.768	15.4%	36.2%	Slope,Aspect,STF,DTW,Length,PSR
7	112.506	0.796	20.2%	37.3%	Slope,Aspect,STF,DTW,Length,PSR,TPI
8	103.862	0.803	18.6%	32.4%	TPI,Slope,Aspect,STF,DTW,Length,Direction,PSR
9	106.342	0.765	17.3%	31.5%	TPI,Slope,Aspect,STF,SDR,DTW,Length,Direction,PSR

在所有最优输入组合中，Slope 能够直接解释 D5 层镉含量变化的 45.1%，Slope 和 DTW 的组合对镉变化解释率增加到 58.4%，再增加了 STF 变量时模型解释率增加到 67.0%，而且 Slope 和 STF 在后面的模型输入最优组合中全部出现。由此，Slope 对 D5 层土壤镉的预测能力相对较强，STF 次之。

用筛选获得的最优 ANN 预测模型生产 D5 土壤镉的空间分布图，并依据土壤环境质量标准，对预测结果由高到低依次进行区间划分，如彩图 50。D5 土壤层镉含量最少，预测平均值为 0.010 mg/kg，属于 I 级低水平。预测值与样点实测值的对比，两者的平均值基本接近，其中预测值比实测值均为 0.014 mg/kg 低 0.004 mg/kg，因此预测较合理。

将 D5 土壤镉的空间分布预测图与地形水文参数图对比可知，生产获得 D5 土壤镉含量的空间分布变化状况，整体上与输入参数 Slope 和 STF 的空间分布图相似，在 Slope 高，Direction 高的地区，土壤镉含量高。这与上述主要影响因子分析结果一致。

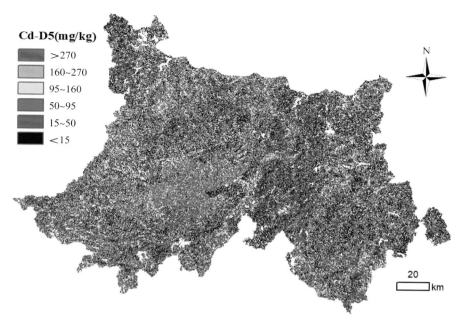

图7.5　D5土壤层Cd空间分布预测图

7.2 三维土壤铅分析

7.2.1 土壤铅样点统计学分析

将各土壤层 Pb 实测值进行统计分析，如表 7.7，可以看出，D1~D5 土壤层的 Pb 含量平均值处于 9.87~15.99 mg/kg 之间，均处于Ⅰ级中等水平，Pb 含量平均值从大到小依次为 D2、D1、D3、D5、D4 土壤层，可以看出随着土层的加深，Pb 的含量相对有所降低。

表7.7　各土壤层土壤样点Pb含量实测数据统计表

土壤层	平均值 (mg/kg)	最小值 (mg/kg)	最大值 (mg/kg)
D1	15.99	5.27	21.46
D2	13.88	4.35	19.34
D3	11.64	3.22	18.56
D4	10.65	3.08	16.82
D5	82	0.001	0.175

7.2.2 第一层土壤铅的空间分布与特征分析

对 D1 土壤层 Pb 的模型输入参数进行筛选，所得到的最优组合，如表 7.8，为 8 参数组合，包括 TPI、Slope、Aspect、STF、SDR、DTW、Direction、PSR。该组合是在 1 参数

Aspect 的基础上，依次增加 TPI、STF、SDR 分别至 2、3、4 参数组合，之后 5 参数组合中的 Slope、Length、Direction 取代 4 参数组合中的 Aspect 和 STF 参数，然后逐个增加新的参数。从模型评价指标上看，当组合由 1 参数增加至 5 参数时，RMSE 从 1695.294 mg/kg 降低 49.098 mg/kg，R^2 从 0.072 提高到 0.985，ROA ± 10% 和 ROA ± 20% 也逐渐提高到 22.3%、40.3%。当继续增加参数至 8 个时，RMSE 先增加后减少到 24.161，R^2 先减少后增加到 0.993，当继续增加到 9 个参数时，RMSE 迅速增加，R^2 迅速减少。综上，8 参数组合时，模型预测能力整体上达到最佳状态。

表7.8　Pb D1土层ANN模型输入最优组合

参数个数	RMSE (mg/kg)	R^2	ROA ±10%	ROA ±20%	最优输入组合
1	1695.294	0.072	14.0%	28.3%	Aspect
2	1286.387	0.482	22.6%	34.3%	TPI,Aspect
3	1299.128	0.520	18.2%	32.5%	TPI,Aspect,STF
4	78.979	0.976	15.8%	34.5%	TPI,Aspect,STF,SDR
5	49.098	0.985	22.3%	40.3%	TPI,Slope,SDR,Length,Direction
6	79.812	0.976	26.2%	45.5%	TPI,Slope,Aspect,SDR,Length,Direction
7	84.494	0.975	28.1%	50.4%	TPI,Slope,Aspect,SDR,DTW,Direction,PSR
8	24.161	0.993	34.5%	54.0%	TPI,Slope,Aspect,STF,SDR,DTW,Direction,PSR
9	1544.421	0.286	32.7%	53.0%	TPI,Slope,Aspect,STF,SDR,DTW,Length,Direction,PSR

在所有在所有最优输入组合中，Aspect 能够直接解释 D1 层铅含量变化的 7.2%，TPI 和 Aspect 的组合对铅变化解释率增加到 48.2%，而且 TPI 和 Aspect 在后面的模型输入最优组合中全部出现。由此，TPI 对 D1 层土壤铅的预测能力相对较强，Aspect 次之。

用筛选获得的最优 ANN 预测模型生产 D1 土壤铅的空间分布图，并依据土壤环境质量标准，对预测结果由高到低依次进行区间划分，如图 7.6。D1 土壤铅含量最多，预测平均值为 24.94 mg/kg，属于 1 级。预测值与样点实测值的对比，两者的平均值基本接近，其中预测值比实测值 15.99 mg/kg 高 9.05 mg/kg，因此预测较合理。

将 D1 土壤铅的空间分布预测图与地形水文参数图对比可知，生产获得 D1 土壤铅含量的空间分布变化状况，整体上与输入参数 TPI 的空间分布图相似，在 TPI 高的地区，土壤铅含量高，这与上述主要影响因子分析结果一致。

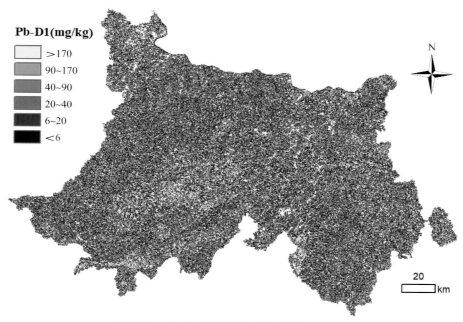

图7.6　D1土壤层Pb空间分布预测图

7.2.3 第二层土壤铅的空间分布与特征分析

对 D2 土壤层 Pb 的模型输入参数进行筛选，所得到的最优组合，如表 7.9，为 8 参数组合，包括 TPI、Slope、Aspect、STF、DTW、Length、Direction、PSR。该模型的输入参数比较稳定，1 参数至 9 参数输入组合，每一组均在上一级参数组合的基础上增加 1 个新的参数或替换某些参数。当候选参数从 1 个逐渐增加至 8 个，模型各评价指标显示，RMSE 从 1265.562 mg/kg 降低 888.394 mg/kg，R^2 从 0.134 提高到 0.638，ROA±10% 和 ROA±20% 也逐渐提高到 40.5%、61.3%。当继续增加参数至 9 个时，RMSE 继续降低，R^2 突然增加，但是 ROA±10% 和 ROA±20% 减少到 19.0%、40.5%，模型稳定性降低。综上，8 参数组合时，模型预测能力整体上达到最佳状态。

表7.9　Pb D2土层ANN模型输入最优组合

参数个数	RMSE (mg/kg)	R^2	ROA ±10%	ROA ±20%	最优输入组合
1	1265.562	0.134	16.4%	31.4%	PSR
2	1242.523	0.194	18.7%	34.3%	TPI,PSR
3	1180.577	0.296	21.0%	35.8%	STF,Direction,PSR
4	1119.593	0.401	24.7%	41.3%	TPI,STF,Direction,PSR
5	1086.953	0.439	30.1%	51.2%	TPI,Slope,STF,SDR,PSR

参数个数	RMSE (mg/kg)	R^2	ROA ±10%	ROA ±20%	最优输入组合
6	1100.198	0.381	36.9%	53.8%	TPI,Slope,SDR,DTW,Length,Direction
7	1096.269	0.392	32.7%	57.9%	TPI,STF,SDR,DTW,Length,Direction,PSR
8	888.394	0.638	40.5%	61.3%	TPI,Slope,Aspect,STF,DTW,Length,Direction,PSR
9	39.985	0.984	19.0%	36.6%	TPI,Slope,Aspect,STF,SDR,DTW,Length,Direction,PSR

在所有在所有最优输入组合中，PSR能够直接解释D2层铅含量变化的13.4%，当7个组合参数时模型解释率为39.2%，再增加一个Aspect，模型解释率增加到63.8%，而且PSR和Aspect在后面的模型输入最优组合中全部出现。由此，Aspect对D2层土壤铅的预测能力相对较强，PSR次之。

用筛选获得的最优ANN预测模型生产D2土壤铅的空间分布图，并依据土壤环境质量标准，对预测结果由高到低依次进行区间划分，如图7.7。D2土壤铅含量最少，预测平均值为14.72 mg/kg，属于Ⅰ级水平。预测值与样点实测值的对比，两者的平均值基本接近，其中预测值比实测值13.88 mg/kg高1.16 mg/kg，但实测值中D2层土壤铅含量排第二，因此预测相对合理。

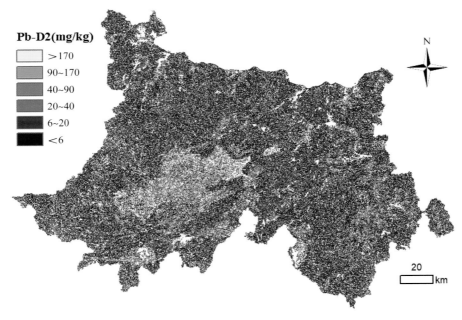

Pb-D2(mg/kg)
>170
90~170
40~90
20~40
6~20
<6

图7.7 D2土壤层Pb空间分布预测图

将D2土壤铅的空间分布预测图与地形水文参数图对比可知，生产获得D2土壤铅含量的空间分布变化状况，整体上与输入参数PSR和Aspect的空间分布图相似，在Aspect高、PSR高的地区，土壤铅含量高，这与上述主要影响因子分析结果一致。

7.2.4 第三层土壤铅的空间分布与特征分析

对 D3 土壤层 Pb 的模型输入参数进行筛选，所得到的最优组合，如表 7.10，为 7 参数组合，包括 TPI、Slope、Aspect、SDR、DTW、Direction、PSR。该模型的输入参数比较稳定，1 参数至 9 参数输入组合，每一组均在上一级参数组合的基础上增加 1 个新的参数或替换某些参数。当候选参数从 1 个逐渐增加至 7 个，模型各评价指标显示，RMSE 从 89.881 mg/kg 降低 79.917 mg/kg，R^2 从 0.551 提高到 0.669，ROA ± 10% 和 ROA ± 20% 也逐渐提高到 53.0%、72.2%。当继续增加参数至 8、9 个时，ROA ± 10% 和 ROA ± 20% 开始减少，模型稳定性降低。虽然从 6 组合参数到 7 组合参数时，RMSE 增加 R^2 降低，但是 ROA ± 10% 和 ROA ± 20% 持续增加，综上，7 参数组合时，模型预测能力整体上达到最佳状态。

表7.10　Pb D3土层ANN模型输入最优组合

参数个数	RMSE (mg/kg)	R^2	ROA ±10%	ROA ±20%	最优输入组合
1	89.881	0.551	20.5%	33.2%	PSR
2	91.944	0.538	17.7%	35.8%	Direction,PSR
3	83.059	0.617	26.0%	45.5%	TPI,Direction,PSR
4	64.656	0.716	24.4%	42.6%	Slope,Aspect,Direction,PSR
5	69.087	0.738	27.0%	49.4%	TPI,Slope,Aspect,SDR,PSR
6	52.363	0.802	39.0%	57.4%	TPI,Slope,Aspect,STF,Length,PSR
7	79.917	0.669	53.0%	72.2%	TPI,Slope,Aspect,SDR,DTW,Direction,PSR
8	82.718	0.706	46.8%	64.2%	TPI,Slope,Aspect,STF,SDR,DTW,Length,PSR
9	50.011	0.789	27.3%	46.5%	TPI,Slope,Aspect,STF,SDR,DTW,Length,Direction,PSR

在所有在所有最优输入组合中，PSR 能够直接解释 D3 层铅含量变化的 55.1%，当 2 个组合参数时模型解释率为 53.8%，再增加一个 TPI，模型解释率增加到 53.8%，而且 PSR 和 TPI 在后面的模型输入最优组合中全部出现。由此，PSR 对 D3 层土壤铅的预测能力相对较强，PSR 次之。

用筛选获得的最优 ANN 预测模型生产 D3 土壤铅的空间分布图，并依据土壤环境质量标准，对预测结果由高到低依次进行区间划分，如图 7.8。D3 土壤铅含量排第三，预测平均值为 20.20 mg/kg，属于 1 级中等水平。预测值与样点实测值的对比，预测值比实测值 11.64 mg/kg 高出较多，因此预测效果一般。

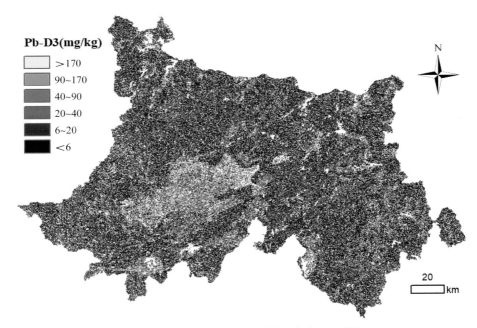

图7.8　D3土壤层Pb空间分布预测图

将 D3 土壤铅的空间分布预测图与地形水文参数图对比可知，生产获得 D3 土壤铅含量的空间分布变化状况，整体上与输入参数 PSR 和 TPI 的空间分布图相似，在 Aspect 低，PSR 低的地区，土壤铅含量高，这与上述主要影响因子分析结果一致。

7.2.5 第四层土壤铅的空间分布与特征分析

对 D4 土壤层 Pb 的模型输入参数进行筛选，所得到的最优组合，如表 7.11，为 7 参数组合，包括 TPI、Slope、Aspect、STF、DTW、Length、Direction。该模型的输入参数比较稳定，1 参数至 9 参数输入组合，每一组均在上一级参数组合的基础上增加 1 个新的参数或替换某些参数。当候选参数从 1 个逐渐增加至 7 个，模型各评价指标显示，RMSE 从 94.860 mg/kg 降低 50.238 mg/kg，R^2 从 0.314 提高到 0.723，ROA ± 10% 和 ROA ± 20% 也逐渐提高到 34.6%、53.1%。当继续增加参数至 8、9 个时，RMSE 开始提高，R^2 开始减少，ROA ± 10% 和 ROA ± 20% 也开始降低，模型稳定性降低。综上，7 参数组合时，模型预测能力整体上达到最佳状态。

表7.11　Pb D4土层ANN模型输入最优组合

参数个数	RMSE (mg/kg)	R^2	ROA ±10%	ROA ±20%	最优输入组合
1	94.860	0.314	13.7%	31.9%	Aspect
2	85.504	0.424	24.9%	37.0%	TPI,Aspect

参数个数	RMSE (mg/kg)	R^2	ROA ±10%	ROA ±20%	最优输入组合
3	48.230	0.747	25.2%	42.1%	Slope,STF,Direction
4	42.165	0.797	26.8%	46.6%	TPI,STF,SDR,DTW
5	56.466	0.680	28.7%	45.6%	TPI,Slope,STF,SDR,Direction
6	71.221	0.570	35.4%	56.0%	TPI,Aspect,STF,SDR,Length,PSR
7	50.238	0.723	34.6%	53.1%	TPI,Slope,Aspect,STF,DTW,Length,Direction
8	55.898	0.688	34.0%	57.4%	TPI,Slope,Aspect,STF,SDR,DTW,Length,PSR
9	28.030	0.855	23.3%	40.8%	TPI,Slope,Aspect,STF,SDR,DTW,Length,Direction,PSR

在所有在所有最优输入组合中，Aspect 能够直接解释 D4 层铅含量变化的 31.4%，当 2 个组合参数时模型解释率为 42.4%，再增加一个 STF，模型解释率增加到 74.7%，而且 Aspect 和 STF 在后面的模型输入最优组合中全部出现。由此，Aspect 对 D4 层土壤铅的预测能力相对较强，STF 次之。

用筛选获得的最优 ANN 预测模型生产 D4 土壤铅的空间分布图，并依据土壤环境质量标准，对预测结果由高到低依次进行区间划分，如图 7.9。D4 土壤铅含量排第四，预测平均值为 18.86 mg/kg，属于Ⅰ级水平。预测值与样点实测值的对比，预测值比实测值 10.65 mg/kg 高出 8.01 mg/kg，因此预测相对合理。

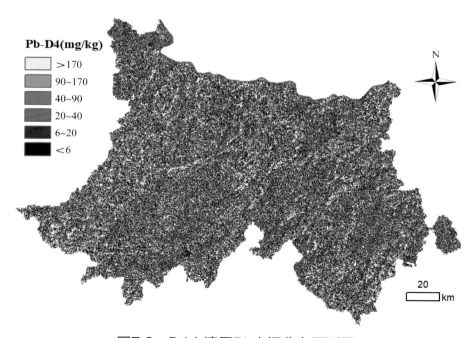

图7.9　D4土壤层Pb空间分布预测图

将 D4 土壤铅的空间分布预测图与地形水文参数图对比可知,生产获得 D4 土壤铅含量的空间分布变化状况,整体上与输入参数 Aspect 和 STF 的空间分布图相似,在 Aspect 低、STF 高的地区,土壤铅含量高,这与上述主要影响因子分析结果一致。

7.2.6 第五层土壤铅的空间分布与特征分析

对 D5 土壤层 Pb 的模型输入参数进行筛选,所得到的最优组合,如表 7.12,为 7 参数组合,包括 Slope、Aspect、STF、SDR、Length、Direction。该模型的输入参数比较稳定,1 参数至 9 参数输入组合,每一组均在上一级参数组合的基础上增加 1 个新的参数或替换某些参数。当候选参数从 1 个逐渐增加至 6 个,模型各评价指标显示,RMSE 从 104.155 mg/kg 降低 32.929 mg/kg,R^2 从 0.224 提高到 0.836,ROA ± 10% 和 ROA ± 20% 也逐渐提高到 44.0%、64.5%。当继续增加参数,RMSE 开始提高,R^2 开始减少,ROA ± 10% 和 ROA ± 20% 也开始降低,模型稳定性降低。虽然从 4 组合参数到 5 组合参数时,RMSE 提高 R^2 降低,但是 ROA ± 10% 和 ROA ± 20% 仍在提高。综上,6 参数组合时,模型预测能力整体上达到最佳状态。

表7.12　Pb D5土层ANN模型输入最优组合

参数个数	RMSE (mg/kg)	R^2	ROA ±10%	ROA ±20%	最优输入组合
1	104.155	0.224	16.5%	34.1%	SDR
2	46.204	0.761	19.6%	35.2%	SDR,DTW
3	91.296	0.409	23.9%	40.1%	SDR,DTW,Direction
4	28.091	0.863	23.6%	43.2%	Slope,STF,SDR,DTW
5	51.642	0.728	31.5%	54.5%	TPI,Slope,Aspect,DTW,Length
6	32.929	0.836	44.0%	64.5%	Slope,Aspect,STF,SDR,Length,Direction
7	95.771	0.648	52.8%	67.6%	Slope,Aspect,STF,SDR,DTW,Length,Direction
8	42.664	0.802	58.0%	75.6%	TPI,Slope,Aspect,STF,SDR,DTW,Direction,PSR
9	31.185	0.850	19.3%	40.9%	TPI,Slope,Aspect,STF,SDR,DTW,Length,Direction,PSR

在所有在所有最优输入组合中,SDR 能够直接解释 D5 层铅含量变化的 22.4%,SDR 和 DTW 组合能够解释 D5 层铅含量变化的 76.1%,而且 SDR 在后面的模型输入最优组合中出现。由此,SDR 对 D5 层土壤铅的预测能力相对较强,DTW 次之。

用筛选获得的最优 ANN 预测模型生产 D5 土壤铅的空间分布图,并依据土壤环境质量标准,对预测结果由高到低依次进行区间划分,如图 7.10。D5 土壤铅含量排第二,预测平均值为 24.88 mg/kg，属于Ⅰ级水平。而 D5 层铅含量实测值最低，预测值与样点实测值的对比，预测值比实测值 9.87 mg/kg 高出 15.01 mg/kg，因此预测效果一般。

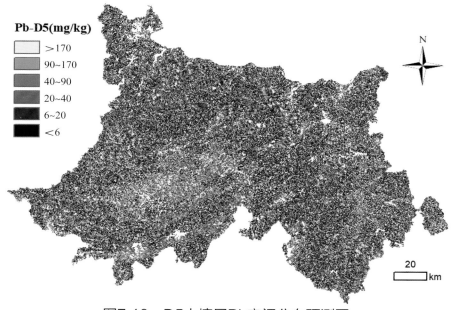

图7.10　D5土壤层Pb空间分布预测图

将 D5 土壤铅的空间分布预测图与地形水文参数图对比可知，生产获得 D5 土壤铅含量的空间分布变化状况，整体上与输入参数 SDR 和 DTW 的空间分布图相似，在 SDR 低、DTW 高的地区，土壤铅含量高，这与上述主要影响因子分析结果一致。

7.3 三维土壤铜分析

7.3.1 土壤铜样点统计学分析

将各土壤层 Cu 实测值进行统计分析，如表 7.13，可以看出，D1~D5 土壤层的 Cu 含量平均值处于 12.3~13.2 mg/kg 之间，均处于Ⅰ级中等水平，Cu 含量平均值从大到小依次为 D2、D1、D3、D5、D4 土壤层，可以看出随着土层的加深，Cu 的含量相对有所降低。Cu 的最小值在 D1 至 D5 土壤层均不大于 1.5 mg/kg，均为Ⅰ级含量很低的水平，其中 D4 层最低仅为 0.15 mg/kg。Cu 的最大值，在 D2 土壤层为 197.8 mg/kg，属于Ⅱ级含量高的水平，在其他土壤层处于 49.9~71.6 mg/kg 的范围，均属于Ⅱ级含量中等水平。在混合土壤层中，平均值为 13.6 mg/kg，为Ⅰ级含量中等的水平，但高于 D1~D5 土壤层 Cu 含量；最小值为 1.4 mg/kg，为Ⅰ级含量很低的水平；最大值为 87.8 mg/kg，为Ⅱ级含量中等水平。

7.13　各土壤层土壤样点Cu含量实测数据统计表

土壤层	平均值 (mg/kg)	最小值 (mg/kg)	最大值 (mg/kg)
D1	12.8	1.4	71.6
D2	13.2	1.5	97.8
D3	12.7	1.5	59.2
D4	12.3	0.15	55.7
D5	12.4	1.3	49.9

7.3.2 第一层土壤铜的空间分布与特征分析

对 D1 土壤层 Cu 所构建的 ANN 模型，输入部分是在必选参数 CT 的基础上，由 1 个至 9 个逐渐叠加候选的地形水文参数，经筛选获得的 D1 土层 Cu 模型输入最优组合由 7 个候选参数组成，如表 7.14，包 TPI、Slope、STF、SDR、DTW、Direction、PSR。该模型的输入参数比较稳定，1 参数至 9 参数输入组合，每一组和均在上一级参数组合的基础上增加 1 个新的参数或替换某些参数形成的。候选参数由 1 个逐渐增加至 7 个，模型各评价指标显示，模型预测能力逐渐提高，其中 RMSE 由 62.406 mg/kg 降至 27.562 mg/kg，R^2 由 0.469 逐渐提高至 0.823，ROA ± 10%、ROA ± 20% 也逐渐分别提高至 35.3%、59.0%。当组合参数个数继续增加至 8、9 个时，R^2 仍在增大，但是 RMSE 开始降低，ROA ± 10%、ROA ± 20% 也逐渐降低，表明模型本身的校正能力迅速下降，拟合精确度开始降低。这是由于随着输入参数个数的逐渐增加，模型本身的不确定性所致。综上可以看出，7 参数组合时，模型整体达到最佳状态。

表7.14　Cu D1土层ANN模型输入最优组合

参数个数	RMSE (mg/kg)	R^2	ROA ±10%	ROA ±20%	最优输入组合
1	62.406	0.469	19.2%	35.1%	Slope
2	43.168	0.681	22.1%	39.5%	Slope,SDR
3	34.565	0.755	25.7%	44.7%	Slope,SDR,Direction
4	37.583	0.764	27.3%	49.6%	TPI,Slope,SDR,Direction
5	28.08	0.81	30.4%	51.9%	TPI,Slope,SDR,DTW,Direction
6	36.707	0.739	36.6%	56.9%	TPI,Slope,STF,SDR,DTW,Direction
7	27.562	0.823	35.3%	59.0%	TPI,Slope,STF,SDR,DTW,Direction,PSR
8	29.973	0.809	32.7%	55.3%	TPI,Slope,Aspect,STF,SDR,DTW,Direction,PSR
9	32.582	0.772	38.7%	60.8%	TPI,Slope,Aspect,STF,SDR,DTW,Length,Direction,PSR

在所有在所有最优输入组合中，Slope 能够直接解释 D1 层铜含量变化的 46.9%，SDR 和 Slope 组合能够解释 D1 层铜含量变化的 68.1%，而且 Slope 和 SDR 在后面的模型输入最优组合中全部出现。由此，Slope 对 D1 层土壤铜的预测能力相对较强，SDR 次之。

用筛选获得的最优 ANN 预测模型生产 D1 土壤铜的空间分布图，并依据土壤环境质量标准，对预测结果由高到低依次进行区间划分，如图 7.11。预测 D1 土壤铜含量排第二，预测平均值为 21.39 mg/kg，属于Ⅰ级水平。实测值中 D1 层铜含量同样排第二，预测值与样点实测值的对比，预测值比实测值 12.8 mg/kg 高出 8.19 mg/kg，因此预测效果一般。

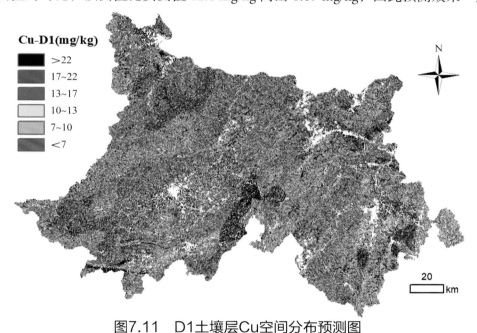

图7.11　D1土壤层Cu空间分布预测图

将 D1 土壤铜的空间分布预测图与地形水文参数图对比可知，生产获得 D1 土壤铜含量的空间分布变化状况，整体上与输入参数 Slope 和 SDR 的空间分布图相似，在 Slope 低，SDR 低的地区，土壤铜含量高，这与上述主要影响因子分析结果一致。

7.3.3 第二层土壤铜的空间分布与特征分析

对 D2 土壤层 Cu 所构建的 ANN 模型，输入部分是在必选参数 CT 的基础上，由 1 个至 9 个逐渐叠加候选的地形水文参数，经筛选获得的 D2 土层 Cu 模型输入最优组合由 7 个候选参数组成，如表 7.15，包括 TPI、Slope、Aspect、SDR、DTW、Direction、PSR。该模型的输入参数比较稳定，1 参数至 9 参数输入组合，每一组和均在上一级参数组合的基础上增加 1 个新的参数或替换几个参数形成的。随候选参数由 1 个逐渐增加至 7 个，模型各评价指标显示，模型预测能力逐渐提高，其中 RMSE 由 138.786 mg/kg 降至 18.857 mg/kg，R^2 由 0.439 逐渐提高至 0.944，ROA ± 10%、ROA ± 20% 也逐渐分别提高至 36.6%、58.7%。当组合参数个数继续增加至 8、9 个时，RMSE、R^2、ROA ± 10%、ROA ± 20% 均开始降低，表明模型本身的校正能力下降，拟合精确度开始降低。综上可以看出，7 参数组合时，模型整体达到最佳状态。

表7.15　Cu D2土层ANN模型输入最优组合

参数个数	RMSE (mg/kg)	R^2	ROA ±10%	ROA ±20%	最优输入组合
1	138.786	0.439	20.8%	37.7%	Slope
2	140.363	0.432	18.7%	38.4%	Slope,Direction
3	118.45	0.561	26.8%	44.4%	SDR,Direction,PSR
4	105.081	0.624	27.3%	44.2%	TPI,Slope,SDR,DTW
5	75.802	0.752	31.2%	54.0%	TPI,Aspect,STF,SDR,PSR
6	79.872	0.733	36.1%	58.4%	TPI,Aspect,STF,SDR,DTW,Direction
7	18.857	0.944	36.6%	58.7%	TPI,Slope,Aspect,SDR,DTW,Direction,PSR
8	28.62	0.914	30.9%	51.2%	TPI,Slope,Aspect,STF,SDR,DTW,Direction,PSR
9	57.194	0.835	30.1%	47.5%	TPI,Slope,Aspect,STF,SDR,DTW,Length,Direction,PSR

在所有在所有最优输入组合中，Slope 能够直接解释 D2 层铜含量变化的 43.9%，2 组合参数时模型解释率为 43.2%，当再增加 PSR 参数时模型对 D2 层土壤铜含量的解释变为 56.1%，从 6 组合参数到最优组合参数 7 组合参数时，模型的解释率提高较多也是因为更改增加了 Slope 和 PSR。由此，Slope 对 D2 层土壤铜的预测能力相对较强，PSR 次之。

用筛选获得的最优 ANN 预测模型生产 D2 土壤铜的空间分布图，并依据土壤环境质量标准，对预测结果由高到低依次进行区间划分，如图 7.12。预测 D2 土壤铜含量排第三，预测平均值为 20.68 mg/kg，属于Ⅰ级水平。实测值中 D2 层铜含量排第一，预测值与样点实测值的对比，预测值比实测值 13.2 mg/kg 高出 7.48 mg/kg，因此预测效果较好。

将 D2 土壤铜的空间分布预测图与地形水文参数图对比可知，生产获得 D2 土壤铜含量的空间分布变化状况，整体上与输入参数 Slope 和 PSR 的空间分布图相似，在 Slope 低、PSR 高的地区，土壤铜含量高，这与上述主要影响因子分析结果一致。

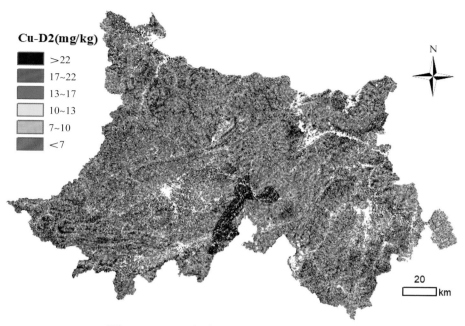

图7.12　D2土壤层Cu空间分布预测图

7.3.4 第三层土壤铜的空间分布与特征分析

对 D3 土壤层 Cu 所构建的 ANN 模型，输入部分是在必选参数 CT 的基础上，由 1 个至 9 个逐渐叠加候选的地形水文参数，经筛选获得的 D3 土层 Cu 模型输入最优组合由 7 个候选参数组成，如表 7.16，包 TPI、Slope、STF、DTW、Length、Direction、PSR。该模型的输入参数比较稳定，1 参数至 9 参数输入组合，每一组和均在上一级参数组合的基础上增加 1 个新的参数或替换几个参数形成的。随候选参数由 1 个逐渐增加至 7 个，模型各评价指标显示，模型预测能力逐渐提高，其中 RMSE 由 47.701 mg/kg 降至 24.294 mg/kg，R^2 由 0.556 逐渐提高至 0.822，ROA ± 10%、ROA ± 20% 也逐渐分别提高至 45.5%、60.8%。当组合参数个数继续增加至 8、9 个时，RMSE 仍在降低，R^2 仍在提高，但是 ROA ± 10%、ROA ± 20% 逐渐开始降低，表明拟合精确度开始降低。综上可以看出，7 参数组合时，模型整体达到最佳状态。

表7.16　Cu D3土层ANN模型输入最优组合

参数个数	RMSE (mg/kg)	R^2	ROA ±10%	ROA ±20%	最优输入组合
1	47.701	0.556	16.9%	37.9%	Slope
2	34.328	0.712	21.8%	40.8%	Slope,PSR
3	32.373	0.729	24.2%	44.4%	Slope,Direction,PSR
4	25.362	0.798	23.6%	47.5%	Slope,SDR,Direction,PSR

127

参数个数	RMSE (mg/kg)	R^2	ROA ±10%	ROA ±20%	最优输入组合
5	26.641	0.796	33.8%	55.3%	Slope,SDR,Length,Direction,PSR
6	26.826	0.794	32.7%	56.4%	TPI,Slope,SDR,Length,Direction,PSR
7	24.294	0.822	45.5%	60.8%	TPI,Slope,STF,DTW,Length,Direction,PSR
8	20.115	0.843	36.6%	59.2%	TPI,Slope,STF,SDR,DTW,Length,Direction,PSR
9	18.765	0.854	33.0%	54.8%	TPI,Slope,Aspect,STF,SDR,DTW,Length,Direction,PSR

在所有在所有最优输入组合中，Slope 能够直接解释 D3 层铜含量变化的 55.6%，PSR 和 Slope 组合能够解释 D3 层铜含量变化的 71.2%，而且 Slope 和 PSR 在后面的模型输入最优组合中全部出现。由此，Slope 对 D3 层土壤铜的预测能力相对较强，PSR 次之。

用筛选获得的最优 ANN 预测模型生产 D3 土壤铜的空间分布图，并依据土壤环境质量标准，对预测结果由高到低依次进行区间划分，如图 7.13。预测 D3 土壤铜含量排第四，预测平均值为 17.94 mg/kg，属于Ⅰ级水平。实测值中 D3 层铜含量排第三，预测值与样点实测值的对比，预测值比实测值 12.7 mg/kg 高出 5.24 mg/kg，因此预测效果较好。

图7.13　D3土壤层Cu空间分布预测图

将 D3 土壤铜的空间分布预测图与地形水文参数图对比可知，生产获得 D3 土壤铜含量的空间分布变化状况，整体上与输入参数 Slope 和 PSR 的空间分布图相似，在 Slope 低，PSR 高的地区，土壤铜含量高，这与上述主要影响因子分析结果一致。

7.3.5 第四层土壤铜的空间分布与特征分析

对 D4 土壤层 Cu 所构建的 ANN 模型，输入部分是在必选参数 CT 的基础上，由 1 个至 9 个逐渐叠加候选的地形水文参数，经筛选获得的 D4 土层 Cu 模型输入最优组合由 7 个候选参数组成，如表 7.17，包 TPI、Aspect、STF、SDR、Length、Direction、PSR。该模型的输入参数比较稳定，1 参数至 9 参数输入组合，每一组和均在上一级参数组合的基础上增加 1 个新的参数或替换几个参数形成的。随候选参数由 1 个逐渐增加至 7 个，模型各评价指标显示，模型预测能力逐渐提高，其中 RMSE 由 52.346 mg/kg 降至 23.264 mg/kg，R^2 由 0.486 逐渐提高至 0.816，ROA ± 10%、ROA ± 20% 也逐渐分别提高至 46.2%、61.2%。当组合参数个数继续增加至 8、9 个时，RMSE 开始降低，R^2 仍在提高，但是 ROA ± 10%、ROA ± 20% 逐渐迅速降低，表明拟合精确度开始降低。综上可以看出，7 参数组合时，模型整体达到最佳状态。

表7.17　Cu D4土层ANN模型输入最优组合

参数个数	RMSE (mg/kg)	R^2	ROA ±10%	ROA ±20%	最优输入组合
1	52.346	0.486	19.2%	36.2%	Slope
2	47.548	0.692	22.7%	30.6%	Slope,PSR
3	43.575	0.715	23.5%	42.4%	Slope,DTW,PSR
4	35.376	0.794	23.8%	45.7%	TPI,Slope,DTW,PSR
5	29.561	0.783	34.6%	52.1%	TPI,Slope,DTW,Length,PSR
6	25.834	0.796	35.7%	57.6%	TPI,Slope,DTW,Length,Direction,PSR
7	23.264	0.816	46.2%	61.2%	TPI,Aspect,STF,SDR,Length,Direction,PSR
8	20.752	0.824	37.4%	54.1%	TPI,Slope,Aspect,STF,SDR,Length,Direction,PSR
9	17.653	0.845	32.3%	53.2%	TPI,Slope,Aspect,STF,SDR,DTW,Length,Direction,PSR

在所有最优输入组合中，Slope 能够直接解释 D4 层铜含量变化的 48.6%，PSR 和 Slope 组合能够解释 D4 层铜含量变化的 69.2%，而且 Slope 和 PSR 在后面的模型输入最优组合中全部出现。由此，Slope 对 D4 层土壤铜的预测能力相对较强，PSR 次之。

用筛选获得的最优 ANN 预测模型生产 D4 土壤铜的空间分布图，并依据土壤环境质量标准，对预测结果由高到低依次进行区间划分，如彩图 59。预测 D4 土壤铜含量最少，预测平均值为 17.68 mg/kg，属于 I 级水平。实测值中 D4 层铜含量同样最少，预测值与样点实测值的对比，预测值比实测值 12.3 mg/kg 高出 5.38 mg/kg，因此预测效果较好。

将 D4 土壤铜的空间分布预测图与地形水文参数图对比可知，生产获得 D4 土壤铜含量的空间分布变化状况，整体上与输入参数 Slope 和 PSR 的空间分布图相似，在 Slope 低、PSR 高的地区，土壤铜含量高，这与上述主要影响因子分析结果一致。

图7.14   D4土壤层Cu空间分布预测图

7.3.6 第五层土壤铜的空间分布与特征分析

对 D5 土壤层 Cu 所构建的 ANN 模型，输入部分是在必选参数 CT 的基础上，由 1 个至 9 个逐渐叠加候选的地形水文参数，经筛选获得的 D5 土层 Cu 模型输入最优组合由 7 个候选参数组成，如表 7.18，包括 TPI、STF、SDR、DTW、Length、Direction、PSR。该模型的输入参数比较稳定，1 参数至 9 参数输入组合，每一组和均在上一级参数组合的基础上增加 1 个新的参数或替换几个参数形成的。随候选参数由 1 个逐渐增加至 7 个，模型各评价指标显示，模型预测能力逐渐提高，其中 RMSE 由 49.36 mg/kg 降至 24.294 mg/kg，R^2 由 0.542 逐渐提高至 0.842，ROA ± 10%、ROA ± 20% 也逐渐分别提高至 45.5%、66.8%。当组合参数个数继续增加至 8、9 个时，MSE 开始身高，R^2 提高又降低，但是 ROA ± 10%、ROA ± 20% 持续降低，表明拟合精确度开始降低。综上可以看出，7 参数组合时，模型整体达到最佳状态。虽然当组合参数从 6 个到 7 个时，RMSE 的值有所提高，R^2 有轻微下降，但是 ROA ± 10%、ROA ± 20% 仍在提高。因此，综合分析来看当 7 个组合参数时模型拟合最佳。

表7.18 Cu D5土层ANN模型输入最优组合

参数个数	RMSE (mg/kg)	R^2	ROA ±10%	ROA ±20%	最优输入组合
1	49.36	0.542	16.2%	34.1%	DTW
2	37.608	0.68	22.2%	38.9%	DTW,PSR
3	25.554	0.798	24.1%	45.5%	Slope,SDR,PSR
4	20.308	0.843	25.0%	48.6%	TPI,Slope,SDR,PSR
5	19.226	0.853	31.3%	54.3%	TPI,Aspect,DTW,Length,PSR
6	18.104	0.866	42.3%	61.1%	TPI,Slope,SDR,Length,Direction,PSR
7	22.222	0.842	45.5%	66.8%	TPI,STF,SDR,DTW,Length,Direction,PSR
8	13.136	0.903	41.2%	60.5%	TPI,Slope,Aspect,STF,SDR,DTW,Length,PSR
9	29.313	0.773	30.7%	50.9%	TPI,Slope,Aspect,STF,SDR,DTW,Length,Direction,PSR

在所有在所有最优输入组合中，Slope 能够直接解释 D5 层铜含量变化的 54.2%，PSR 和 DTW 组合能够解释 D5 层铜含量变化的 68%，而且 DTW 和 PSR 在后面的模型输入最优组合中全部出现。由此，DTW 对 D5 层土壤铜的预测能力相对较强，PSR 次之。

用筛选获得的最优 ANN 预测模型生产 D5 土壤铜的空间分布图，并依据土壤环境质量标准，对预测结果由高到低依次进行区间划分，如图 7.15。预测 D5 土壤铜含量最高，预测平均值为 23.65 mg/kg，属于Ⅰ级水平。实测值中 D5 层铜含量排第四，预测值与样点实测值的对比，预测值比实测值 12.4 mg/kg 高出 11.25 mg/kg，因此预测效果一般。

图7.15 D5土壤层Cu空间分布预测图

将 D5 土壤铜的空间分布预测图与地形水文参数图对比可知，生产获得 D5 土壤铜含量的空间分布变化状况，整体上与输入参数 DTW 和 PSR 的空间分布图相似，在 DTW 低、PSR 高的地区，土壤铜含量高，这与上述主要影响因子分析结果一致。

7.4 三维土壤锌分析

7.4.1 土壤锌样点统计学分析

将各土壤层 Zn 实测值进行统计分析，如表 7.19，可以看出，D1~D5 土壤层的 Zn 含量平均值为处于 31.5~38.5 mg/kg，均处于 I 级水平级低水平，Zn 含量从 D1 到 D5 逐层降低。Zn 含量最小值在 D1 至 D5 土壤层均不大于 8.5 mg/kg，均为 I 级含量的低水平。Zn 含量的最大值在 D1 层为 288.5 mg/kg，为 II 级中等水平，D2 至 D5 层土壤层 Zn 含量最大值处于 185.5~214.6 mg/kg 之间，均处于二级水平。在混合土壤层中，Zn 含量平均值为 41.152 mg/kg，为 I 级含量中等水平，高于 D1~D5 土壤层 Zn 含量；最小值为 7.33 mg/kg，为 I 级含量很低的水平；最大值为 197.64 mg/kg，为二级含量中等水平。

7.19　各土壤层土壤样点Zn含量实测数据统计表

土壤层	平均值(mg/kg)	最小值 (mg/kg)	最大值(mg/kg)
D1	38.5	7.6	288.5
D2	35.1	7.5	198.8
D3	33.7	8.5	185.5
D4	34.9	6.6	214.6
D5	31.5	7.3	192.2

7.4.2 第一层土壤锌的空间分布与特征分析

对 D1 土壤层 Zn 所构建的 ANN 模型，输入部分是在必选参数 CT 的基础上，由 1 个至 9 个逐渐叠加候选的地形水文参数，经筛选获得的 D1 土层 Zn 模型输入最优组合由 7 个候选参数组成，如表 7.20，包 TPI、Aspect、STF、SDR、DTW、Length、PSR。该模型的输入参数比较稳定，1 参数至 9 参数输入组合，每一组和均在上一级参数组合的基础上增加 1 个新的参数或替换少数参数形成的。随候选参数由 1 个逐渐增加至 7 个，模型各评价指标显示，模型预测能力逐渐提高，其中 RMSE 由 369.6987 mg/kg 降至 63.1114 mg/kg，R^2 由 0.1192 逐渐提高至 0.878，ROA ± 10%、ROA ± 20% 也逐渐分别提高至 0.5039 mg/kg，0.6909 mg/kg。当组合参数个数继续增加至 8、9 个时，RMSE 开始提高，R^2 开始降低，但是 ROA±10%、ROA±20% 也逐渐开始降低，表明拟合精确度开始降低。综上可以看出，7 参数组合时，模型整体达到最佳状态。

表7.20 Zn D1土层ANN模型输入最优组合

参数个数	RMSE (mg/kg)	R^2	ROA ±10%	ROA ±20%	最优输入组合
1	369.6987	0.1192	18.18%	35.32%	PSR
2	153.7853	0.6572	23.64%	39.74%	TPI,PSR
3	135.0687	0.7083	27.27%	46.23%	TPI,Slope,PSR
4	130.3503	0.722	29.09%	49.61%	TPI,Aspect,STF,PSR
5	79.4086	0.8451	32.47%	54.55%	Slope,SDR,DTW,Length,PSR
6	98.369	0.8003	44.94%	63.38%	TPI,Slope,Aspect,SDR,DTW,PSR
7	63.1114	0.878	50.39%	69.09%	TPI,Aspect,STF,SDR,DTW,Length,PSR
8	80.1713	0.8529	41.30%	61.56%	TPI,Slope,Aspect,STF,SDR,Length,Direction,PSR
9	120.0794	0.7471	32.99%	57.92%	TPI,Slope,Aspect,STF,SDR,DTW,Length,Direction,PSR

在所有在所有最优输入组合中，PSR 能够直接解释 D1 层锌含量变化的 11.92%，TPI 和 PSR 组合能够解释 D1 层锌含量变化的 65.72%，而且 TPI 和 PSR 在后面的模型输入最优组合中全部出现。由此，TPI 对 D1 层土壤铜的预测能力相对较强，PSR 次之。

用筛选获得的最优 ANN 预测模型生产 D1 土壤锌的空间分布图，并依据土壤环境质量标准，对预测结果由高到低依次进行区间划分，如图 7.16。预测 D1 土壤锌含量最高，预测平均值为 36.77 mg/kg，属于 I 级水平。实测值中 D1 层锌含量最高，预测值与样点实

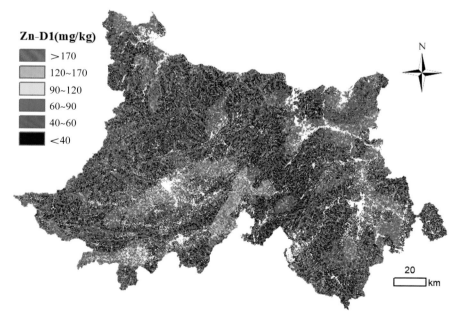

图7.16 D1土壤层Zn空间分布预测图

测值的对比，预测值比实测值 38.5 mg/kg 低 2.27 mg/kg，因此预测效果较好。

将 D1 土壤锌的空间分布预测图与地形水文参数图对比可知，生产获得 D1 土壤锌含量的空间分布变化状况，整体上与输入参数 TPI 和 PSR 的空间分布图相似，在 TPI 低、PSR 高的地区，土壤锌含量高，这与上述主要影响因子分析结果一致。

7.4.3 第二层土壤锌的空间分布与特征分析

对 D2 土壤层 Zn 所构建的 ANN 模型，输入部分是在必选参数 CT 的基础上，由 1 个至 9 个逐渐叠加候选的地形水文参数，经筛选获得的 D2 土层 Zn 模型输入最优组合由 7 个候选参数组成，如表 7.21，包括 TPI、Slope、Aspect、SDR、Direction、PSR。该模型的输入参数比较稳定，1 参数至 9 参数输入组合，每一组和均在上一级参数组合的基础上增加 1 个新的参数或替换少数参数形成的。随候选参数由 1 个逐渐增加至 6 个，模型各评价指标显示，模型预测能力逐渐提高，其中 RMSE 由 205.7287 mg/kg 降至 67.8647 mg/kg，R^2 由 0.3459 逐渐提高至 0.8543，ROA ± 10%、ROA ± 20% 也逐渐分别提高至 37.14%、60.52%。当组合参数个数继续增加时，RMSE 开始提高，R^2 开始降低，但是 ROA ± 10%、ROA ± 20% 也逐渐开始降低，表明拟合精确度开始降低。综上可以看出，6 个参数组合时，模型整体达到最佳状态。

表 7.21　Zn D2 土层 ANN 模型输入最优组合

参数个数	RMSE (mg/kg)	R^2	ROA ±10%	ROA ±20%	最优输入组合
1	205.7287	0.3459	18.96%	34.29%	PSR
2	94.6377	0.7721	22.34%	40.52%	DTW,PSR
3	94.7241	0.7714	22.86%	43.64%	TPI,Slope,SDR
4	75.9108	0.8255	27.27%	48.05%	TPI,Slope,SDR,Direction
5	65.3162	0.8491	28.57%	50.13%	TPI,Slope,SDR,Length,PSR
6	67.8647	0.8543	37.14%	60.52%	TPI,Slope,Aspect,SDR,Direction,PSR
7	72.8361	0.8353	35.06%	56.88%	TPI,Slope,SDR,DTW,Length,Direction,PSR
8	114.4291	0.7235	38.96%	60.78%	TPI,Slope,Aspect,STF,DTW,Length,Direction,PSR
9	72.2058	0.8445	36.10%	56.62%	TPI,Slope,Aspect,STF,SDR,DTW,Length,Direction,PSR

在所有在所有最优输入组合中，PSR 能够直接解释 D2 层锌含量变化的 34.59%，DTW 和 PSR 组合能够解释 D2 层锌含量变化的 77.21%，但只有 PSR 在后面的模型输入最优组合中出现。由此，PSR 对 D2 层土壤锌的预测能力相对较强，DTW 次之。

用筛选获得的最优 ANN 预测模型生产 D2 土壤锌的空间分布图，并依据土壤环境质量标准，对预测结果由高到低依次进行区间划分，如图 7.17。预测 D2 土壤锌含量排第二，预测平均值为 34.01 mg/kg，属于 I 级水平。实测值中 D2 层锌含量同样排第二，预测值与样点实测值的对比，预测值比实测值 35.1 mg/kg 低 1.09 mg/kg，因此预测效果较好。

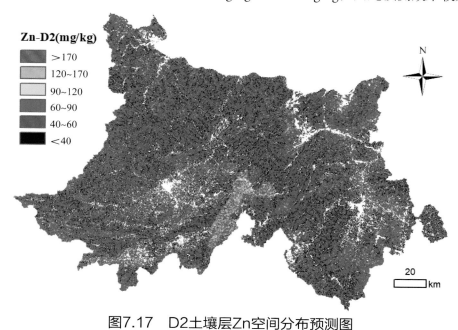

图7.17 D2土壤层Zn空间分布预测图

将 D2 土壤锌的空间分布预测图与地形水文参数图对比可知，生产获得 D2 土壤锌含量的空间分布变化状况，整体上与输入参数 PSR 和 DTW 的空间分布图相似，在 PSR 低，DTW 高的地区，土壤锌含量高，这与上述主要影响因子分析结果一致。

7.4.4 第三层土壤锌的空间分布与特征分析

对 D3 土壤层 Zn 所构建的 ANN 模型，输入部分是在必选参数 CT 的基础上，由 1 个至 9 个逐渐叠加候选的地形水文参数，经筛选获得的 D3 土层 Zn 模型输入最优组合由 7 个候选参数组成，如表 7.22，包括 TPI、Slope、Aspect、SDR、DTW、Direction、PSR。该模型的输入参数比较稳定，1 参数至 9 参数输入组合，每一组和均在上一级参数组合的基础上增加 1 个新的参数或替换少数参数形成的。随候选参数由 1 个逐渐增加至 7 个，模型各评价指标显示，模型预测能力逐渐提高，其中 RMSE 由 140.359 mg/kg 降至 43.299 mg/kg，R^2 由 0.3987 逐渐提高至 0.8686，ROA ± 10%、ROA ± 20% 也逐渐分别提高至 43.12%、65.19%。当组合参数个数继续增加时，RMSE 开始提高，R^2 开始降低，但是 ROA ± 10%、ROA ± 20% 也逐渐开始降低，表明拟合精确度开始降低。综上可以看出，7 个参数组合时，模型整体达到最佳状态。

表7.22　Zn D3土层ANN模型输入最优组合

参数个数	RMSE (mg/kg)	R^2	ROA ±10%	ROA ±20%	最优输入组合
1	140.359	0.3987	17.66%	36.62%	PSR
2	120.6546	0.5297	23.64%	41.56%	Aspect,PSR
3	83.7939	0.7135	25.45%	44.94%	Slope,Length,PSR
4	69.1184	0.7686	31.69%	52.73%	Slope,DTW,Length,Direction
5	42.2876	0.8642	40.52%	57.14%	Slope,STF,DTW,Direction,PSR
6	64.5407	0.7944	42.81%	62.60%	TPI,Slope,STF,SDR,DTW,Direction
7	43.299	0.8686	43.12%	65.19%	TPI,Slope,Aspect,SDR,DTW,Direction,PSR
8	60.5089	0.8123	42.08%	64.42%	TPI,Aspect,STF,SDR,DTW,Length,Direction,PSR
9	42.6677	0.871	37.40%	62.08%	TPI,Slope,Aspect,STF,SDR,DTW,Length,Direction,PSR

在所有在所有最优输入组合中，PSR能够直接解释D3层锌含量变化的39.87%，PSR和Aspect组合能够解释D3层锌含量变化的52.97%，且只有PSR和Aspect在后面的模型输入最优组合中全部出现。由此，PSR对D3层土壤锌的预测能力相对较强，Aspect次之。

用筛选获得的最优ANN预测模型生产D3土壤锌的空间分布图，并依据土壤环境质量标准，对预测结果由高到低依次进行区间划分，如图7.18。预测D3土壤锌含量排第三，预测平均值为31.24 mg/kg，属于Ⅰ级水平。实测值中D3层锌含量排第四，预测值与样点实测值的对比，预测值比实测值33.7 mg/kg低2.46 mg/kg，因此预测效果较好。

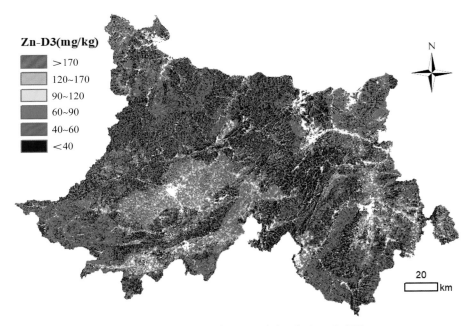

图7.18　D3土壤层Zn空间分布预测图

将 D3 土壤锌的空间分布预测图与地形水文参数图对比可知，生产获得 D3 土壤锌含量的空间分布变化状况，整体上与输入参数 PSR 和 Aspect 的空间分布图相似，在 PSR 低，Aspect 低的地区，土壤锌含量高，这与上述主要影响因子分析结果一致。

7.4.5 第四层土壤锌的空间分布与特征分析

对 D4 土壤层 Zn 所构建的 ANN 模型，输入部分是在必选参数 CT 的基础上，由 1 个至 9 个逐渐叠加候选的地形水文参数，经筛选获得的 D4 土层 Zn 模型输入最优组合由 7 个候选参数组成，如表 7.23，包括 TPI、Slope、Aspect、SDR、DTW、Direction、PSR。该模型的输入参数比较稳定，1 参数至 9 参数输入组合，每一组和均在上一级参数组合的基础上增加 1 个新的参数或替换几个参数形成的。随候选参数由 1 个逐渐增加至 7 个，模型各评价指标显示，模型预测能力逐渐提高，其中 RMSE 由 213.0806 mg/kg 降至 94.6436 mg/kg，R^2 由 0.4509 逐渐提高至 0.8169，ROA ± 10%、ROA ± 20% 也逐渐分别提高至 36.19%、55.23%。当组合参数个数继续增加至 8、9 个时，MSE 开始提高，R^2 开始降低，但是 ROA ± 10%、ROA ± 20% 也逐渐开始降低，表明拟合精确度开始降低。综上可以看出，7 个参数组合时，模型整体达到最佳状态。

表7.23　Zn D4土层ANN模型输入最优组合

参数个数	RMSE (mg/kg)	R^2	ROA ±10%	ROA ±20%	最优输入组合
1	213.0806	0.4509	18.50%	35.39%	SDR
2	194.3061	0.5218	19.57%	38.61%	Aspect,Length
3	148.5474	0.6672	26.27%	42.63%	TPI,DTW,Length
4	121.8986	0.7421	24.13%	44.24%	TPI,Aspect,SDR,Length
5	100.3278	0.7972	23.32%	44.24%	TPI,Slope,SDR,Length,PSR
6	96.0656	0.8036	28.95%	46.92%	TPI,STF,SDR,DTW,Length,PSR
7	94.6436	0.8169	36.19%	55.23%	TPI,Slope,Aspect,SDR,DTW,Direction,PSR
8	98.9129	0.7963	25.74%	47.18%	TPI,Aspect,STF,SDR,DTW,Length,Direction,PSR
9	122.4715	0.7398	26.81%	44.77%	TPI,Slope,Aspect,STF,SDR,DTW,Length,Direction,PSR

在所有在所有最优输入组合中，SDR 能够直接解释 D4 层锌含量变化的 45.09%，SDR 和 Aspect 组合能够解释 D4 层锌含量变化的 52.18%，而且 SDR 和 Aspect 在后面的模型输入最优组合中全部出现。由此，SDR 对 D4 层土壤锌的预测能力相对较强，Aspect 次之。

用筛选获得的最优 ANN 预测模型生产 D4 土壤锌的空间分布图，并依据土壤环境质量标准，对预测结果由高到低依次进行区间划分，如图 7.19。预测 D4 土壤锌含量与 D3

层土壤锌含量同样排第三，预测平均值为 31.24 mg/kg，属于Ⅰ级水平。实测值中 D4 层锌含量排第三，预测值与样点实测值的对比，预测值比实测值 34.9 mg/kg 低 3.66 mg/kg，因此预测效果较好。

图7.19　D4土壤层Zn空间分布预测图

将 D4 土壤锌的空间分布预测图与地形水文参数图对比可知，生产获得 D4 土壤锌含量的空间分布变化状况，整体上与输入参数 SDR 和 Aspect 的空间分布图相似，在 SDR 低、Aspect 低的地区，土壤锌含量高，这与上述主要影响因子分析结果一致。

7.4.6 第五层土壤锌的空间分布与特征分析

对 D5 土壤层 Zn 所构建的 ANN 模型，输入部分是在必选参数 CT 的基础上，由 1 个至 9 个逐渐叠加候选的地形水文参数，经筛选获得的 D5 土层 Zn 模型输入最优组合由 6 个候选参数组成，如表 7.24，包括 TPI、Slope、Aspect、SDR、DTW、PSR。该模型的输入参数比较稳定，1 参数至 9 参数输入组合，每一组和均在上一级参数组合的基础上增加 1 个新的参数或替换少数参数形成的。随候选参数由 1 个逐渐增加至 6 个，模型各评价指标显示，模型预测能力逐渐提高，其中 RMSE 由 151.3624 mg/kg 降至 58.0316 mg/kg，R^2 由 0.4679 逐渐提高至 0.8502，ROA ± 10%、ROA ± 20% 也逐渐分别提高至 42.90%、64.77%。当组合参数个数继续增加至 8、9 个时，RMSE 开始提高，R^2 开始降低，但是 ROA ± 10%、ROA ± 20% 也逐渐开始降低，表明拟合精确度开始降低。综上可以看出，6 个参数组合时，模型整体达到最佳状态。

表7.24 Zn D5土层ANN模型输入最优组合

参数个数	RMSE (mg/kg)	R^2	ROA ±10%	ROA ±20%	最优输入组合
1	151.3624	0.4679	16.48%	34.38%	SDR
2	110.9294	0.6519	22.16%	39.49%	SDR,Direction
3	106.5997	0.6784	26.14%	44.32%	SDR,Length,Direction
4	54.5018	0.8504	30.11%	49.15%	STF,SDR,DTW,Length
5	51.7977	0.8603	38.07%	55.68%	TPI,SDR,DTW,Direction,PSR
6	58.0316	0.8502	42.90%	64.77%	TPI,Slope,Aspect,SDR,DTW,PSR
7	50.0837	0.8633	33.52%	57.39%	TPI,Aspect,STF,SDR,DTW,Length,PSR
8	77.3253	0.7876	43.18%	65.91%	TPI,Slope,Aspect,STF,SDR,DTW,Length,Direction
9	59.4743	0.8346	34.09%	53.69%	TPI,Slope,Aspect,STF,SDR,DTW,Length,Direction,PSR

在所有在所有最优输入组合中，SDR能够直接解释D5层锌含量变化的46.79%，SDR和Direction组合能够解释D5层锌含量变化的65.19%，而且SDR在后面的模型输入最优组合中出现。由此，SDR对D5层土壤锌的预测能力相对较强，Direction次之。

用筛选获得的最优ANN预测模型生产D5土壤锌的空间分布图，并依据土壤环境质量标准，对预测结果由高到低依次进行区间划分，如图7.20。预测D5土壤锌含量最少，预测平均值为30.31 mg/kg，属于Ⅰ级水平。实测值中D5层锌含量最少，预测值与样点实测值的对比，预测值比实测值31.5 mg/kg低1.19 mg/kg，因此预测效果较好。

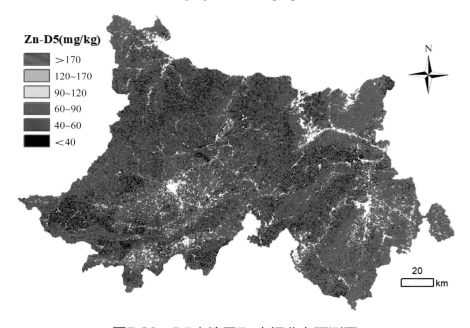

图7.20 D5土壤层Zn空间分布预测图

将 D5 土壤锌的空间分布预测图与地形水文参数图对比可知，生产获得 D5 土壤锌含量的空间分布变化状况，整体上与输入参数 SDR 和 Direction 的空间分布图相似，在 SDR 低、Direction 低的地区，土壤锌含量高，这与上述主要影响因子分析结果一致。

7.5 三维土壤镍分析

7.5.1 土壤镍样点统计学分析

将各土壤层 Ni 实测值进行统计分析，如表 7.25，可以看出，D1~D5 土壤层的 Ni 含量平均值为处于 7.03~8.27 mg/kg 之间，均处于一级水平，Ni 含量从 D1 到 D5 逐层减少，可以看出随着土层的加深，Ni 的含量相对有所降低。

7.25　各土壤层土壤样点Ni含量实测数据统计表

土壤层	平均值(mg/kg)	最小值 (mg/kg)	最大值(mg/kg)
D1	8.10	1.6	288.5
D2	8.27	1.5	198.8
D3	8.15	1.5	185.5
D4	7.71	0.6	214.6
D5	7.03	0.3	192.2

7.5.2 第一层土壤镍的空间分布与特征分析

对 D1 土壤层 Ni 所构建的 ANN 模型，输入部分是在必选参数 CT 的基础上，由 1 个至 9 个逐渐叠加候选的地形水文参数，经筛选获得的 D1 土层 Ni 模型输入最优组合由 7 个候选参数组成，如表 7.26，包括 TPI、Slope、Aspect、STF、SDR、Length、PSR。该模型的输入参数比较稳定，1 参数至 9 参数输入组合，每一组和均在上一级参数组合的基础上增加 1 个新的参数或替换少数参数形成的。随候选参数由 1 个逐渐增加至 7 个，模型各评价指标显示，模型预测能力逐渐提高，其中 RMSE 由 28.553 mg/kg 降至 19.058 mg/kg，R^2 由 0.508 逐渐提高至 0.747，ROA ± 10%、ROA ± 20% 也逐渐分别提高至 35.3%、58.4%。当组合参数个数继续增加至 8，9 个时，RMSE 开始提高，R^2 开始降低，但是 ROA ± 10%、ROA ± 20% 也逐渐开始降低，表明拟合精度开始降低。虽然从 4 组合参数逐渐增加至 7 组合参数时，RMSE 有所增加，但是 R^2 仍在增加，ROA ± 10%、ROA ± 20% 也在增加。综上可以看出，7 参数组合时，模型整体达到最佳状态。

表7.26 Ni D1土层ANN模型输入最优组合

参数个数	RMSE (mg/kg)	R^2	ROA ±10%	ROA ±20%	最优输入组合
1	28.553	0.508	15.1%	31.7%	Slope
2	24.466	0.606	20.5%	36.1%	Slope,DTW
3	21.962	0.659	26.8%	41.0%	TPI,DTW,Direction
4	15.477	0.774	27.3%	44.2%	Slope,SDR,Length,Direction
5	16.231	0.765	30.6%	52.7%	TPI,Aspect,SDR,Length,Direction
6	15.706	0.771	33.0%	54.3%	TPI,Aspect,STF,SDR,Direction,PSR
7	19.058	0.747	35.3%	58.4%	TPI,Slope,Aspect,STF,SDR,Length,PSR
8	9.180	0.874	31.2%	54.8%	TPI,Slope,Aspect,STF,SDR,Length,Direction,PSR
9	15.135	0.780	23.4%	43.9%	TPI,Slope,Aspect,STF,SDR,DTW,Length,Direction,PSR

在所有在所有最优输入组合中，Slope 能够直接解释 D1 层镍含量变化的 50.8%，Slope 和 DTW 组合能够解释 D1 层镍含量变化的 60.6%，而只有 Slope 在后面的模型输入最优组合中出现。由此，Slope 对 D1 层土壤铜的预测能力相对较强。

用筛选获得的最优 ANN 预测模型生产 D1 土壤镍的空间分布图，并依据土壤环境质量标准，对预测结果由高到低依次进行区间划分，如图 7.21。预测 D1 土壤镍含量最少，预测平均值为 10.41 mg/kg，属于 I 级水平。实测值中 D1 层镍含量排第三，预测值与样点实测值的对比，预测值比实测值 8.09 mg/kg 高 2.32 mg/kg，因此预测效果较好。

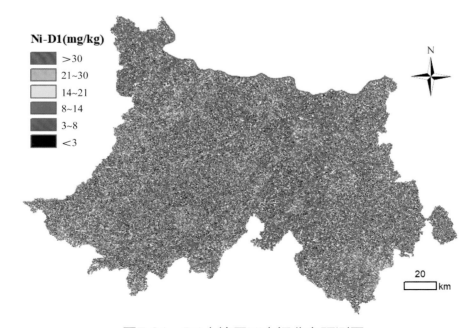

图7.21 D1土壤层Ni空间分布预测图

将 D1 土壤镍的空间分布预测图与地形水文参数图对比可知，生产获得 D1 土壤镍含量的空间分布变化状况，整体上与输入参数 Slope 的空间分布图相似，在 Slope 低的地区，土壤镍含量高，这与上述主要影响因子分析结果一致。

7.5.3 第二层土壤镍的空间分布与特征分析

对 D2 土壤层 Ni 所构建的 ANN 模型，输入部分是在必选参数 CT 的基础上，由 1 个至 9 个逐渐叠加候选的地形水文参数，经筛选获得的 D2 土层 Ni 模型输入最优组合由 7 个候选参数组成，如表 7.27，包括 TPI、Slope、Aspect、STF、SDR、DTW、PSR。该模型的输入参数比较稳定，1 参数至 9 参数输入组合，每一组和均在上一级参数组合的基础上增加 1 个新的参数或替换少数参数形成的。随候选参数由 1 个逐渐增加至 7 个，模型各评价指标显示，模型预测能力逐渐提高，其中 RMSE 由 28.579 mg/kg 降至 11.431 mg/kg，R^2 由 0.593 逐渐提高至 0.867，ROA ± 10%、ROA ± 20% 也逐渐分别提高至 34.5%、55.6%。当组合参数个数继续增加至 8、9 个时，RMSE 开始提高，R^2 开始降低，但是 ROA ± 10%、ROA ± 20% 也逐渐开始降低，表明拟合精确度开始降低。综上可以看出，7 参数组合时，模型整体达到最佳状态。

表7.27　Ni D2土层ANN模型输入最优组合

参数个数	RMSE (mg/kg)	R^2	ROA ±10%	ROA ±20%	最优输入组合
1	28.579	0.593	17.1%	32.2%	Slope
2	25.242	0.653	21.6%	38.2%	Slope,Aspect
3	18.151	0.767	23.1%	40.0%	Slope,DTW,PSR
4	16.496	0.792	24.7%	44.4%	TPI,Aspect,STF,SDR
5	14.103	0.832	29.1%	45.7%	Slope,SDR,DTW,Length,Direction
6	13.451	0.837	33.0%	50.4%	TPI,Slope,Aspect,SDR,Length,PSR
7	11.431	0.867	34.5%	55.6%	TPI,Slope,STF,SDR,DTW,Direction,PSR
8	13.434	0.843	34.5%	54.0%	TPI,Slope,Aspect,STF,SDR,DTW,Length,PSR
9	10.008	0.886	43.6%	64.4%	TPI,Slope,Aspect,STF,SDR,DTW,Length,Direction,PSR

在所有在所有最优输入组合中，Slope 能够直接解释 D2 层镍含量变化的 59.3%，且 Slope 在后面的模型输入最优组合中出现。由此，Slope 对 D2 层土壤铜的预测能力相对较强。

用筛选获得的最优 ANN 预测模型生产 D2 土壤镍的空间分布图，并依据土壤环境质量标准，对预测结果由高到低依次进行区间划分，如图 7.22。预测 D2 土壤镍含量最高，预测平均值为 15.47 mg/kg，属于 I 级水平。实测值中 D2 层镍含量最高，预测值与样点实测值的对比，预测值比实测值 8.27 mg/kg 高 7.20 mg/kg，因此预测效果较好。

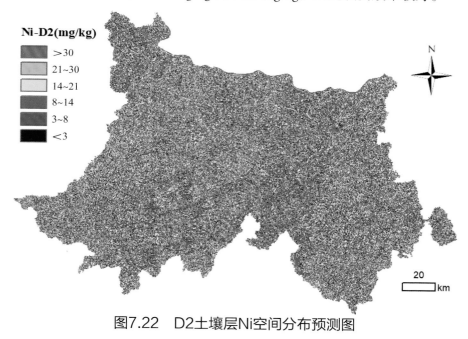

Ni-D2(mg/kg)
- >30
- 21~30
- 14~21
- 8~14
- 3~8
- <3

图7.22　D2土壤层Ni空间分布预测图

将 D2 土壤镍的空间分布预测图与地形水文参数图对比可知，生产获得 D2 土壤镍含量的空间分布变化状况，整体上与输入参数 Slope 的空间分布图相似，在 Slope 低的地区，土壤镍含量高，这与上述主要影响因子分析结果一致。

7.5.4 第三层土壤镍的空间分布与特征分析

对 D3 土壤层 Ni 所构建的 ANN 模型，输入部分是在必选参数 CT 的基础上，由 1 个至 9 个逐渐叠加候选的地形水文参数，经筛选获得的 D3 土层 Ni 模型输入最优组合由 7 个候选参数组成，如表 7.28，包括 TPI、Slope、Aspect、STF、SDR、DTW、PSR。该模型的输入参数比较稳定，1 参数至 9 参数输入组合，每一组和均在上一级参数组合的基础上增加 1 个新的参数或替换少数参数形成的。随候选参数由 1 个逐渐增加至 7 个，模型各评价指标显示，模型预测能力逐渐提高，其中 RMSE 由 31.895 mg/kg 降至 13.325 mg/kg，R^2 由 0.432 逐渐提高至 0.833，ROA ± 10%、ROA ± 20% 也逐渐分别提高至 42.3%、57.7%。当组合参数个数继续增加至 8、9 个时，RMSE 开始提高，R^2 开始降低，但是 ROA ± 10%、ROA ± 20% 也逐渐开始降低，表明拟合精确度开始降低。虽然从 5 组合参数到 6 组合参数时 RMSE 有所增加 R^2 有所下降，但是 ROA ± 10%、ROA ± 20% 仍在增加，表明模型拟合精度仍在增加。综上可以看出，7 参数组合时，模型整体达到最佳状态。

表7.28　Ni D3土层ANN模型输入最优组合

参数个数	RMSE (mg/kg)	R^2	ROA ±10%	ROA ±20%	最优输入组合
1	31.895	0.432	17.4%	32.5%	SDR
2	43.526	0.351	21.0%	40.5%	SDR,Direction
3	18.081	0.735	20.8%	42.1%	TPI,Aspect,DTW
4	15.704	0.775	25.5%	44.4%	Aspect,SDR,DTW,Direction
5	10.932	0.851	29.1%	51.4%	TPI,Slope,Aspect,STF,SDR
6	16.893	0.781	35.6%	54.5%	TPI,Slope,Aspect,STF,DTW,PSR
7	13.325	0.833	42.3%	57.7%	TPI,Slope,Aspect,STF,SDR,DTW,PSR
8	9.953	0.868	32.2%	51.9%	TPI,Slope,Aspect,SDR,DTW,Length,Direction,PSR
9	12.294	0.831	23.1%	44.7%	TPI,Slope,Aspect,STF,SDR,DTW,Length,Direction,PSR

　　在所有在所有最优输入组合中，SDR能够直接解释D3层镍含量变化的43.2%，TPI，Aspect和DTW组合能够解释镍含量变化的73.5%，而且SDR，DTW和Aspect在后面的模型输入最优组合中全部出现。由此，SDR对D3层土壤铜的预测能力相对较强，DTW和Aspect次之。

　　用筛选获得的最优ANN预测模型生产D3土壤镍的空间分布图，并依据土壤环境质量标准，对预测结果由高到低依次进行区间划分，如图7.23。预测D3土壤镍含量最高，预测平均值为17.88 mg/kg，属于Ⅰ级水平。实测值中D3层镍含量排第二，预测值与样点实测值的对比，预测值比实测值8.15 mg/kg高9.73 mg/kg，因此预测效果一般。

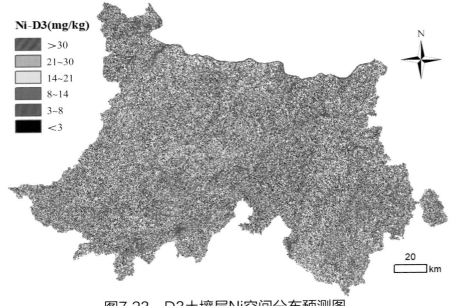

Ni-D3(mg/kg)

▨ >30
▨ 21~30
▢ 14~21
▨ 8~14
▨ 3~8
■ <3

图7.23　D3土壤层Ni空间分布预测图

将 D3 土壤镍的空间分布预测图与地形水文参数图对比可知，生产获得 D3 土壤镍含量的空间分布变化状况，整体上与输入参数 SDR 的空间分布图相似，在 SDR 低的地区，土壤镍含量高，这与上述主要影响因子分析结果一致。

7.5.5 第四层土壤镍的空间分布与特征分析

对 D4 土壤层 Ni 所构建的 ANN 模型，输入部分是在必选参数 CT 的基础上，由 1 个至 9 个逐渐叠加候选的地形水文参数，经筛选获得的 D4 土层 Ni 模型输入最优组合由 7 个候选参数组成，如表 7.29，包括 TPI、Slope、Aspect、STF、SDR、Length、Direction。该模型的输入参数比较稳定，1 参数至 9 参数输入组合，每一组和均在上一级参数组合的基础上增加 1 个新的参数或替换少数参数形成的。随候选参数由 1 个逐渐增加至 7 个，模型各评价指标显示，模型预测能力逐渐提高，其中 RMSE 由 28.764 mg/kg 降至 9.278 mg/kg，R^2 由 0.466 逐渐提高至 0.865，ROA ± 10%、ROA ± 20% 也逐渐分别提高至 34.0%、54.7%。当组合参数个数继续增加至 8、9 个时，RMSE 开始提高，R^2 开始降低，但是 ROA ± 10%、ROA ± 20% 也逐渐开始降低，表明拟合精确度开始降低。综上可以看出，7 参数组合时，模型整体达到最佳状态。

表7.29　Ni D4土层ANN模型输入最优组合

参数个数	RMSE (mg/kg)	R^2	ROA ±10%	ROA ±20%	最优输入组合
1	28.764	0.466	13.4%	28.2%	Slope
2	19.135	0.692	15.3%	35.9%	Slope,PSR
3	16.350	0.745	24.4%	39.4%	Slope,DTW,PSR
4	13.018	0.804	25.5%	43.2%	Aspect,SDR,Length,Direction
5	10.350	0.849	31.4%	51.7%	TPI,Slope,SDR,Length,Direction
6	12.145	0.822	27.9%	49.6%	TPI,Slope,STF,SDR,DTW,PSR
7	9.278	0.865	34.0%	54.7%	TPI,Slope,Aspect,STF,SDR,Length,Direction
8	10.069	0.853	31.1%	50.1%	TPI,Aspect,STF,SDR,DTW,Length,Direction,PSR
9	11.595	0.833	33.0%	53.9%	TPI,Slope,Aspect,STF,SDR,DTW,Length,Direction,PSR

在所有在所有最优输入组合中，Slope 能够直接解释 D4 层镍含量变化的 46.6%，Slope 和 PSR 组合能够解释镍含量变化的 69.2%，而且 Slope 在后面的模型输入最优组合中出现。由此，Slope 对 D4 层土壤铜的预测能力相对较强，PSR 次之。

用筛选获得的最优 ANN 预测模型生产 D4 土壤镍的空间分布图，并依据土壤环境质量标准，对预测结果由高到低依次进行区间划分，如图 7.24。预测 D4 土壤镍含量排第四，预测平均值为 13.87 mg/kg，属于 I 级水平。实测值中 D4 层镍含量同样排第四，预测值与样点实测值的对比，预测值比实测值 7.71 mg/kg 高 6.16 mg/kg，因此预测效果较好。

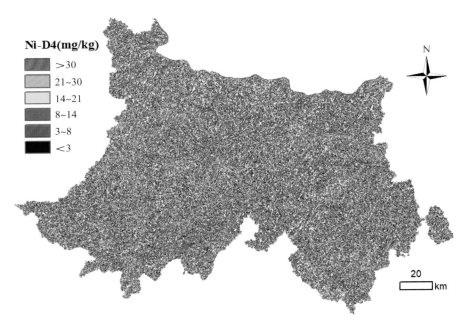

图7.24 D4土壤层Ni空间分布预测图

将 D4 土壤镍的空间分布预测图与地形水文参数图对比可知，生产获得 D4 土壤镍含量的空间分布变化状况，整体上与输入参数 Slope 和 PSR 的空间分布图相似，在 Slope 低、PSR 低的地区，土壤镍含量高，这与上述主要影响因子分析结果一致。

7.5.6 第五层土壤镍的空间分布与特征分析

对 D5 土壤层 Ni 所构建的 ANN 模型，输入部分是在必选参数 CT 的基础上，由 1 个至 9 个逐渐叠加候选的地形水文参数，经筛选获得的 D5 土层 Ni 模型输入最优组合由 7 个候选参数组成，如表 7.30，包括 TPI、Slope、Aspect、DTW、Length、Direction、PSR。该模型的输入参数比较稳定，1 参数至 9 参数输入组合，每一组和均在上一级参数组合的基础上增加 1 个新的参数或替换少数参数形成的。随候选参数由 1 个逐渐增加至 7 个，模型各评价指标显示，模型预测能力逐渐提高，其中 RMSE 由 2 6.625 mg/kg 降至 11.705 mg/kg，R^2 由 0.577 逐渐提高至 0.850，ROA ± 10%、ROA ± 20% 也逐渐分别提高至 33.5%、56.0%。当组合参数个数继续增加至 8、9 个时，RMSE 开始提高，R^2 开始降低，但是 ROA ± 10%、ROA ± 20% 也逐渐开始降低，表明拟合精确度开始降低。综上可以看出，7 参数组合时，模型整体达到最佳状态。

表7.30　Ni D5土层ANN模型输入最优组合

参数个数	RMSE (mg/kg)	R^2	ROA ±10%	ROA ±20%	最优输入组合
1	26.625	0.577	15.3%	29.3%	SDR
2	20.540	0.698	19.9%	34.4%	TPI,SDR
3	15.810	0.777	21.9%	39.8%	TPI,Slope,Length
4	13.292	0.817	28.4%	45.7%	Slope,Aspect,DTW,PSR
5	13.067	0.827	30.7%	52.0%	TPI,Slope,DTW,Length,Direction
6	15.318	0.816	38.4%	54.5%	TPI,Slope,Aspect,SDR,DTW,Length
7	11.705	0.850	33.5%	56.0%	TPI,Slope,Aspect,DTW,Length,Direction,PSR
8	9.591	0.874	33.2%	52.3%	Slope,Aspect,STF,SDR,DTW,Length,Direction,PSR
9	16.599	0.796	35.2%	51.1%	TPI,Slope,Aspect,STF,SDR,DTW,Length,Direction,PSR

　　在所有在所有最优输入组合中，SDR 能够直接解释 D5 层镍含量变化的 57.7%，TPI 和 SDR 组合能够解释镍含量变化的 69.8%，而且 TPI 和 SDR 在后面的模型输入最优组合中全部出现。由此，SDR 对 D5 层土壤铜的预测能力相对较强，TPI 次之。

　　用筛选获得的最优 ANN 预测模型生产 D5 土壤镍的空间分布图，并依据土壤环境质量标准，对预测结果由高到低依次进行区间划分，如图 7.25。预测 D5 土壤镍含量排第三，预测平均值为 13.97 mg/kg，属于 I 级水平。实测值中 D5 层镍含量最少，预测值与样点实测值的对比，预测值比实测值 7.03 mg/kg 高 6.94 mg/kg，因此预测效果较好。

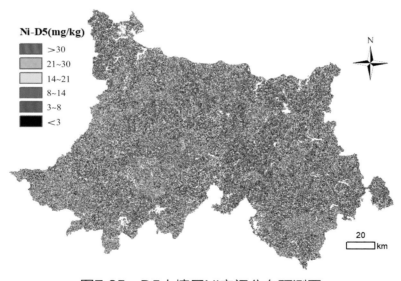

Ni-D5(mg/kg)
>30
21~30
14~21
8~14
3~8
<3

图7.25　D5土壤层Ni空间分布预测图

　　将 D5 土壤镍的空间分布预测图与地形水文参数图对比可知，生产获得 D5 土壤镍含量的空间分布变化状况，整体上与输入参数 SDR 和 TPI 的空间分布图相似，在 SDR 低、TPI 高的地区，土壤镍含量高，这与上述主要影响因子分析结果一致。

参考文献

[1] 何林. 汝城县森林土壤养分含量的垂直分布规律 [J]. 湖南林业科技, 1988, 1: 59~63.

[2] 贺志龙, 张芸香, 郭跃东, 等. 不同密度华北落叶松林天然林土壤养分特征研究 [J]. 生态环境学报, 2017, 26(01): 43~48.

[3] 郭鑫炜. 辽西北风沙区人工林土壤养分的垂直分布特征 [D]. 沈阳农业大学, 2017.

[4] 龙文靖, 倪先林, 刘天朋, 等. 国家高粱原原种扩繁基地土壤养分和酶的垂直分布特性 [J]. 农学学报, 2019, 9(5): 33~37.

[5] Hengl T, Jesus JM, MacMillan RA, et al. Soil Grids 1km global soil information based on automated mapping [J]. Plos One, 2014, 9(08): e105992.

[6] Hengl T, Heuvelink GBM, Kempen B, et al. Mapping soil properties of Africa at 250 m resolution: random forests significantly improve current predictions [J]. Plos One, 2015, 10(6): e0125814.

[7] Mulder VL, Lacoste M, Arrouays D, et al. Global soil map France: high~resolution spatial modelling the soils of France up to two meter depth [J]. Sci. Total Environ, 2016, 573: 1352~1369.

[8] Viscarra RA, Chen C, Grundy MJ, Searle R, et al. The Australian three~dimensional soil grid: Australia's contribution to the Global Soil Map project [J]. Soil Res., 2015, 53: 845~864.

[9] Castrignanò A, Lopez G. Estimating soil water content using Cokriging[J]. Acta Horticulturae, 1990, (278): 463~470.

[10] 郭熙, 黄俊, 谢文, 等. 山地丘陵耕地土壤养分最优插值方法研究——以江西省渝水区水北镇为例 [J]. 河南农业科学, 2011(02): 76~80.

[11] 杜挺, 杨联安, 张泉, 等. 县域土壤养分协同克里格和普通克里格空间插值预测比较——以陕西省蓝田县为例 [J]. 陕西师范大学学报 (自然科学版), 2013(04): 85~89.

[12] 顾成军. 克里格插值在区域土壤有机碳空间预测中的应用 [J]. 中国土壤与肥料, 2014(03): 93~97.

[13] 刘孝阳. 复垦土壤有机碳空间插值及监测样点优化布局研究 [D]. 中国地质大学

（北京），2015.

[14] 杨煜岑，杨联安，王晶，等.基于多元线性回归模型的土壤养分空间预测——以陕西省蓝田县农耕区为例 [J].土壤通报，2017, 48(5): 1102~1113.

[15] 黄安，杨联安，杜挺，等.基于多元成土因素的土壤有机质空间分布分析 [J].干旱区地理，2015, 38(05): 994~1003.

[16] Wasserman, P.D. 1989. Neural computing: theory and practice. Van Norstrand Reinhold Co., New York. NY.

[17] Licznar, P., Nearing, M.A. 2003. Artificial neural networks of soil erosion and runoff prediction at the plot scale. Catena, 51: 89~114.

[18] 程家昌，黄鹏，熊昌盛，等.基于 BP 神经网络的土壤养分空间插值 [J].广东农业科学，2013, 1(07): 64~67.

[19] 李启权，王昌全，岳天祥，等.不同输入方式下 RBF 神经网络对土壤性质空间插值的误差分析 [J].土壤学报，2008, 45(02): 360~365.

[20] 曾菁菁，沈春竹，周生路，陆春锋，金志丰，朱雁.基于改进 LUR 模型的区域土壤重金属空间分布预测 [J].环境科学，2018,39(01):371~378.

[21] 黄赵麟，丁懿，王君櫹，贾振毅，曾菁菁，周生路.基于多模型优选的区域土壤重金属含量空间预测方法研究 [J].生态与农村环境学报，2020,36(03):308~317.

[22] 孟伟.亚热带不同森林类型的土壤重金属空间分布特征及其潜在生态风险.水土保持学报，2014，28（05）：258~263.

[23] 樊志颖，李江荣，郑维列，等.色季拉山森林土壤重金属空间分布特征及污染评价.西北农林科技大学学报（自然科学版），2020（48）：94~100.

[24] 戴文举，猴武龙，莫灿贤.基于耕地质量等别评价的区域粮食安全影响分析——以广东省云浮市为例 [J].安徽农业科学，2019, 47(11): 93~96.

[25] 曾美玲，张中瑞，李小川，等.云浮市油茶适生区土壤中量元素分析 [J].林业与环境科学，2017, 33(6): 98~103.

[26] 李晓川，丁晓纲，曾曙才，等.广东省云浮市森林土壤养分调查与评价 [M].北京，中国林业出版社，2018: 16~21.

[27] 广东省土壤普查办公室.广东土壤 [M].北京，科学出版社，1993.

[28] 吴华山，孙静红.太湖地区农田土壤中铵态氮和硝态氮的时空变异 [J].环境科学，2006, 27(6): 1217~1222.

[29] 王云强，张兴昌，李顺姬，等.小流域土壤矿质氮与地形因子的关系及其空间变异

性研究 [J]. 环境科学 , 2007, 28(7): 1567~1572.

[30] 邹秉章 . 亚热带主要森林类型凋落物量和土壤养分的关系 [J]. 福建林业科技，2019，46(3): 8~12.

[31] Zhao Z, Thien L, Herb W, et al. Predict soil texture distributions using an artificial neural network model [J]. Computers and Electronic in Agriculture, 2009, 65(1): 36~48.

[32] Weiss A. Topographic position and landforms analysis[C]. Poster presentation, ESRI user conference, San Diego, CA. 2001, 200.

[33] Ambroise B, Beven K, Freer J. Toward a Generalization of the TOPMODEL Concepts: Topographic Indices of Hydrological Similarity[J]. Water Resources Research, 1996,32(7):2135~2145.

[34] Fernandez C. Estimating water erosion and sediment yield with GIS, Rusle, and SEDD[J]. Journal of Soil & Water Conservation, 2003,58(3):128~136.

[35] Ferro V, Minacapilli M. Sediment delivery processes at basin scale[J]. Hydrological Sciences Journal/journal Des Sciences Hydrologiques, 1995,40(6):703~717.

[36] 晋蓓 , 刘学军 , 甄艳 , 等 . ArcGIS 环境下 DEM 的坡长计算与误差分析 [J]. 地球信息科学学报 , 2010,12(5):700~706.

[37] Meng FR, Castonguay M, Ogilvie J, et al. Developing a GIS based flow channel and wet wereas mapping framework for precwasion forestry planning [M]. South Africa, Proceeding for IUFRO Precwasion Forestry Symposium, 2006, 43~55.

[38] 朱大铭 . 人工神经网络的结构学习算法及问题求解研究 [D]. 中国科学院计算技术研究所 , 1999.

[39] 杨国栋 , 王肖娟 . 基于人工神经网络的土壤养分肥力等级评价方法 [J]. 土壤通报 , 2005, 36(1): 30~33.

[40] 林开平 . 人工神经网络的泛化性能与降水预报的应用研究 [D]. 南京信息工程大学 , 2007.